BLOOM FOR YOU

Adriana Picker

045

·典藏版·

花的姿态

画笔下的繁花盛宴

〔澳〕阿德里亚娜·皮克 绘　　〔澳〕妮娜·鲁索 著

曲文静 译　　余天一 审

北京科学技术出版社

著作权合同登记号　图字：01-2020-7730

图书在版编目（CIP）数据

花的姿态：画笔下的繁花盛宴：典藏版 / (澳) 妮娜·鲁索著；(澳) 阿德里亚娜·皮克绘；曲文静译. — 北京：北京科学技术出版社，2022.9（2022.9重印）

书名原文：Petal: The World of Flowers Through an Artist's Eye

ISBN 978-7-5714-2145-8

Ⅰ.①花… Ⅱ.①妮… ②阿… ③曲… Ⅲ.①花卉 – 介绍②插画(绘画) – 作品集 – 澳大利亚 – 现代 Ⅳ. ①S68②J238.5

中国版本图书馆CIP数据核字(2022)第035252号

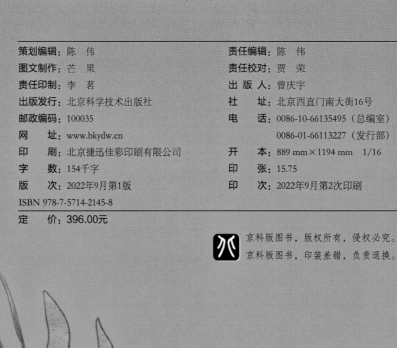

策划编辑：陈 伟	责任编辑：陈 伟
图文制作：芒 果	责任校对：贾 荣
责任印制：李 茗	出 版 人：曾庆宇
出版发行 北京科学技术出版社	社　址：北京西直门南大街16号
邮政编码 100035	电　话：0086-10-66135495（总编室）
	0086-01-66113227（发行部）
网　址：www.bkydw.cn	
印　刷：北京捷迅佳彩印刷有限公司	开　本：889 mm×1194 mm　1/16
字　数：154千字	印　张：15.75
版　次：2022年9月第1版	印　次：2022年9月第2次印刷

ISBN 978-7-5714-2145-8

定　价：396.00元

PETAL

THE WORLD OF FLOWERS THROUGH AN ARTIST'S EYE

ADRIANA PICKER

with

Nina Rousseau

推荐序

杰玛·奥布莱恩

  从悉尼的一所艺术学院毕业后不久，我便和阿德里亚娜合租，成为室友。春日的一天，她兴奋地回到家，说她近期一直在"采集"。"采集，什么意思？"我问道。她转身跑下楼，回来时手里捧着一大把树枝、叶子和花，这些植物美极了，几乎遮住了她半边身子，散发着阵阵香气。她继续欢快地介绍，这是木兰叶，那是紫薇，还有其他各种澳大利亚本土的植物……又说这些植物何时开花，是喜阳还是喜阴，时不时还穿插着一两个她儿时在新南威尔士州绿草如茵的乡村听到的小故事。看着她把采来的花束插在屋里各处的花瓶中，我也受到了感染，变得愉快起来。这些采集来的花来自小路的尽头、邻居家的花圃、公园高处的角落，毫无疑问都饱含着爱意。

  从那以后，我眼看着阿德里亚娜把她对自然界的热爱浓缩成一幅幅精美的插画。从澳大利亚的郊野丛林到繁华的纽约街区，所到之处，她一直在寻找鲜花的身影，并用自己的风格重塑它们的形象。阿德里亚娜通过运用丰富的植物知识、眼光独到的设计和高超的绘画技巧，使那些熟悉的花朵呈现出了崭新的姿态。

  阿德里亚娜最新出版的《花的姿态》，不仅是一本漂亮的植物画册，更是当代艺术对传统植物插画的全新阐释。品读她的这本新书，可让我们的思绪得以重返大地，重新审视季节的色彩变迁，看一看时间在一朵花上留下的痕迹，闻一闻曾令我们心醉神迷的花香，摸一摸枝条从幼嫩到粗壮的成长，重拾这些就在我们身边的、大自然所赠予的喜悦。毫无疑问，我相信在未来的数年时间里，这本书将会给花卉爱好者、插画师以及植物采集者带去心灵的愉悦和创作的灵感。

对页图：

月季'索菲·罗莎'
Rosa 'Sophie Rochas'

前　言

如果你盯着手里的花，看得几乎入迷，你会由衷感叹
"一花一世界"。而我，想带领更多的人走进这个世界。

——乔治亚·奥基弗（20世纪美国画家）

在我5岁时，我的外婆艾玛就对我母亲郑重地说，我长大后会成为一名花艺师。

外婆家坐落于澳大利亚塔格拉湖边，每当我去她家的时候，我们都会花几个小时在外婆家的花园里寻找美丽的花朵，观察秋海棠肉质的叶片如何排列，猛闻几下沁人心脾的玫瑰花香。而我在外婆家做的第一件事，也是最重要的一项活动，就是为餐桌装饰一束鲜花。外婆说，我可以采摘我看上的任意一朵花，这让我母亲都震惊不已。

外婆家的花园位于一座砖墙的平房旁边，面积有0.25英亩（约1000平方米），是一座普通得不能再普通的小院子，和周围的院落没什么两样。但对我来说，这个普通的澳大利亚人家后院是一个新奇的小世界。外婆对兰花情有独钟——在她那一代的园丁中，兰花无处不在。她还收集了一系列极棒的玫瑰品种，颜色深红似女人的绛唇，浅淡如少女娇羞的腮红，夹杂白色的番红花、秋海棠，以及泛着珍珠般光泽的叶片。每次探访总能给我新的惊喜。

我与外婆家花园相处的时间并不长，外婆在我7岁那年去世了，随后外公卖掉了这房子。外婆葬礼那天，全家人都聚集在塔格拉湖边，她生前种植的玫瑰全都绽放了，依旧美得灿烂，我摘下一大束放在了餐桌上。玛格姨妈问我摘的玫瑰花的名字，以便她以后移栽到自己的花园里，以此怀念外婆。

外婆去世后，在我母亲莎莉的指导下，我继续学习植物知识，她也是一个同样满怀热情的园艺师。我们家位于澳大利亚的蓝山——20世纪90年代中期花卉嬉皮士眼中的天堂。我们沉浸在大自然中，在房子旁的灌木丛中疯狂奔跑。当穿过国家公园散步时，母亲教我用这些植物的拉丁学名去识别它们。我迷上了所有的佛塔树属（*Banksia*）植物并记住了它们的拉丁学名：变叶佛塔树（*Banksia integrifolia*）、佛塔树（*Banksia serrata*）、大花佛塔树（*Banksia grandiflora*）。母亲还教我采摘美丽山魔木（*Lambertia formosa*）的花朵，从其基部吸食甘甜的汁液。

在蓝山的花丛中，我旺盛的想象力蓬勃发展，于是我拿起画笔，认真描绘每一朵花的姿态。

在童年和青少年时期，我尝试过各种艺术形式，创作总能给予我最大的快乐。12岁时，我迷上了用黏土雕刻真人大小的半身像。此后不久，我又爱上了油画，被其丰富的色彩、醉人的气味和悠久的历史所吸引。母亲没有责备我把她的地毯弄得一团糟，并允许我在屋里画几个小时的画，真是宽容极了。

对页图：

卷丹
Lilium tigrinum

在19世纪刘易斯·卡罗尔的经典著作中，爱丽丝在她的漫游仙境之旅中发现了一株会说话的卷丹。

毕业后，我学习了设计，开始在电影工作室的服装部门工作。在拍摄间隙，我重新爱上了最初的爱好——纸笔作画。也正是当我再次开始画植物的时候（忽略所有我当时看到的商业插画趋势），我的插画事业开始腾飞。那些在脑海中的花卉形象以数字图像的方式出现在我的生活中，我的指尖可以触碰所有的颜色，不论我在世界的哪个角落，我都可以尽情创作。

花朵贯穿了我生活的方方面面。我整日观察每一朵花的排布、形状和光影，力求展现每一处细节。在旅途中，我总是找寻它们的身影。一次晨间的散步也许会成为寻访下一个作品主角的探寻之旅。它们可能是布鲁克林早春街头怒放的一大株欧丁香，也可能出现在铺满碎石的小路旁，是一大丛洁白轻盈的野胡萝卜花，从一根细长的茎上探出头来。我无数次地描绘着这些花朵——我的灵感之源，我的缪斯——哪怕手都麻了，背也直不起来，我也从未感到厌倦，一次也没有。大自然源源不断地给我带来惊喜和喜悦，而我甘愿一生沉醉其中。

哪怕仅有几个小时，花也会绽放，吸引鸟儿、蜜蜂、甲虫或蝙蝠来为它们传粉，同时被吸引来的还有人类。早期的"植物猎人"忍受着极端的天气，冒着罹患疾病和濒死的危险，前往遥远的地方找寻植物的宝藏。他们带回的标本被育种家培育成前所未见的杂交新品种。狂热的植物收集者们甚至引发了一场举世闻名的投机泡沫——"郁金香泡沫"。我们已经完全被鲜花所迷惑，全世界每天能卖出近亿元的鲜花。

这本书是我写给花朵的"情书"，是对这个开满鲜花的世界的颂歌，花朵稍纵即逝，是自然赠予我们的珍宝。书中罗列了各种花卉，从温室中精心呵护的奇珍异宝到绽放在山野村头的倔强野花。有花植物（也称被子植物）的世界是如此广阔、多样和诱人，筛选合适的花卉种类一直是一个艰辛的过程。我希望本书不仅能展示那些受人喜爱的花朵，也能给那些看起来不那么时髦或者高雅的花朵一个出场的机会。例如，再普通不过的天竺葵一直是我最爱的花卉之一，其叶片的每一个纹理都像是出自最精巧的艺术家之手，更别提丰富多变的色彩和独特的质感，每次看到都能让我屏住呼吸，心潮澎湃。即便是用街角常见的塑料罐随意包裹的几枝郁金香，也能给平凡的餐桌带去生机。通过此书，我想分享我对花朵无尽的热爱，也希望读者能以全新的视角审视花朵，或许能重新挖掘被忽略的花卉之美。

对我而言，鲜花总是与家庭紧密相连，尤其是我的外婆和母亲。花已经成为我最美好回忆的载体，连接着我最快乐的时光，承载着我最珍爱的人的笑容；难怪这么多年来，我会一直持续不断地喜爱花、欣赏花。尽管过去这么多年，我最喜欢描绘的依旧是我在外婆的花园里第一眼看到的花。我想如果她能看到我今天作为一名花卉收藏家和编目员在做与花艺相关的工作，她肯定会非常激动，她当初的预言完全没错。谨以此书献给我深爱的外婆。

对页图：

绣球'丑角'
Hydrangea macrophylla 'Harlequin'

植物的命名

植物的学名（拉丁名）是识别植物科属的有用工具。在日常生活中你可能知道它们的俗称，但这些称呼往往会因为我们所处地方的不同而改变。为了给某一种植物准确命名，植物学家们给每种植物都定了一个独一无二的正式名称，即植物的拉丁名。（植物学名通常由两个拉丁词汇构成，前者为属名，后者为种加词，有时后面还会有单引号标注的植物品种名——译者注）

众所周知，仅仅提及植物的优美称呼，就足以让人浮想联翩。但有时它们的命名之混乱简直会让人摸不着头脑。如'金皇后'（'Golden Queen'）和'法图尔莎'（'Fastuosa'），它们是洋金花（*Datura metel*）这种植物的两个不同品种（单引号内表示品种名），却有着一个相同的俗名——"恶魔的喇叭"（devil's trumpet）。另外，我们有时还会见到植物的学名中间有个"×"，这个符号表示这种植物是两个种的杂交种，如天竺葵（*Pelargonium × hortorum*）这种植物是两种不同植物的杂交种。有时你会发现一种植物并没有标注单独的拉丁名，因为它的俗名和拉丁名正好是一样的。

9

目　录

ROSE

薔薇科

狂野妩媚、芬芳馥郁，玫瑰（泛指多种蔷薇属植物，下文同）的传奇交织蔓延了千百万年历史。玫瑰可赏、可用、可食；有时是对爱人表达倾慕之心的礼物，有时是经萃取提炼而成的香水，有时也是药剂师手里不可一窥的宝物。

蔷薇科有很多丰产的植物种类，在世界各大洲都是食物的来源，人类把这些植物的祖先从中国、地中海和中东等地收集而来，其中包括来自英国的西洋梨（*Pyrus communis*）、产自欧亚大陆的黑莓（*Rubus fruticosus*）。新疆野苹果（*Malus sieversii*）原产于哈萨克斯坦的凉爽山区的原始果园，其种子由鸟类和熊传播至各地。除此之外，还包括花开时烂漫如雪的观赏植物日本晚樱（*Prunus serrulata*），以及因遒劲古朴的枝干而受木匠青睐的欧洲野苹果（*Malus sylvestris*）。

在15世纪，玫瑰香水曾是市场通用货币，皇家也认可其法定货币的地位。

在中世纪的欧洲，玫瑰和粮食一样重要。人们相信，从玫瑰花瓣中提取的精油具有独特的疗愈作用。药用试验田里长满了健壮、繁茂的各种蔷薇科植物，有开白花的，有开粉花的，还有如今最古老的玫瑰种类之一——由波斯人在12世纪种植的药用法国蔷薇（*Rosa gallica* var. *officinalis*）。具有止血功能的玫瑰花瓣可以清洁皮肤、愈合伤口，而多汁且富含维生素C的犬蔷薇（*Rosa canina*）的果实则被制成玫瑰果茶。玫瑰精油的用处就更广泛了，不仅可用于改善消化和抑郁，还能缓解经前不适，有时还被用作催情剂。

拿破仑·波拿巴的第一任妻子约瑟芬皇后也极爱玫瑰。作为世界上最有名的玫瑰种植者之一，她在马尔迈松城堡建造了规模宏大的玫瑰庄园，庄园里收集和种植的200多个玫瑰品种造就了一场盛大的嗅觉盛宴。她也是第一个写玫瑰种植指南的人，花园里的玫瑰来源众多，约瑟夫·班克斯爵士担任英国皇家植物园邱园园长期间，经常给约瑟芬皇后寄送各种植物样本，有些样本甚至是乘坐军舰来的！

约瑟芬皇后的御用植物画师皮埃尔–约瑟夫·雷杜德详细地描绘了这些植物。更重要的是雷杜德和15世纪早期的插画师共同开创了一个新的植物艺术画流派——用优雅、细致又不失科学性的笔触记录植物的形态，为人们学习提供了参考。当时欧洲的艺术家和法国印象派画家创作了玫瑰的形象，并赋予不同花朵丰富的象征含义：白色的玫瑰代表圣母玛利亚的纯洁，深红色的玫瑰则代表耶稣受刑时溅在十字架上的鲜血。

近百年来，玫瑰承载着各式各样的象征含义。英国前拉斐尔派画家用玫瑰来传递信息——红色代表爱情，黄色代表友谊，粉色代表新恋情的开始或不为人知的地下情。与此同时，玫瑰也一直是欲望的化身：埃及艳后克娄帕特拉邀请马克·安东尼去卧房共度良宵时，床上铺着的就是厚厚一层玫瑰花瓣。古罗马人在装饰着野玫瑰的房间里谈论机密要事，俚语"树下玫瑰"（sub rosa）的字面意思即"在玫瑰树下"，被认为是最高机密。

这一切或许应了莎士比亚的那句"百花之中，最佳者玫瑰"。

前页图：

戴尔巴德系列月季 '阿尔弗莱德·希思利'
Rosa Delbard 'Alfred Sisley'

月季 '复色流苏'
Rosa 'Camaieux'

15

药用法国蔷薇

Rosa gallica var. officinalis

　　早期，人们按压、揉搓红蔷薇血色
的花瓣，将其干燥后制成玫瑰念珠（玫
瑰念珠是天主教教徒诵念玫瑰经时计算
诵念圣母经次数的工具——译者注）。

月季‘你的眼睛’
Rosa 'Eyes for You'

月季 '俏丽贝丝'
Rosa 'Dainty Bess'

玫瑰花瓣搭配微苦的巧克力做成馅，可以制作甜味的玫瑰花酱，还可以添加到土耳其风味的软糖里。

月季
'朱莉亚的玫瑰'
Rosa 'Julia's Rose'

玫瑰
Rosa rugosa

欧洲黑莓
Rubus fruticosus

欧洲野苹果
Malus sylvestris

月季 '蓝莓山'
Rosa 'Blueberry Hill'

月季 '齐本达尔'
Rosa 'Chippendale'

杂交麝香蔷薇
'芭蕾舞女'
Rosa 'Ballerina'

月季
'莎莉·福尔摩斯'
Rosa 'Sally Holmes'

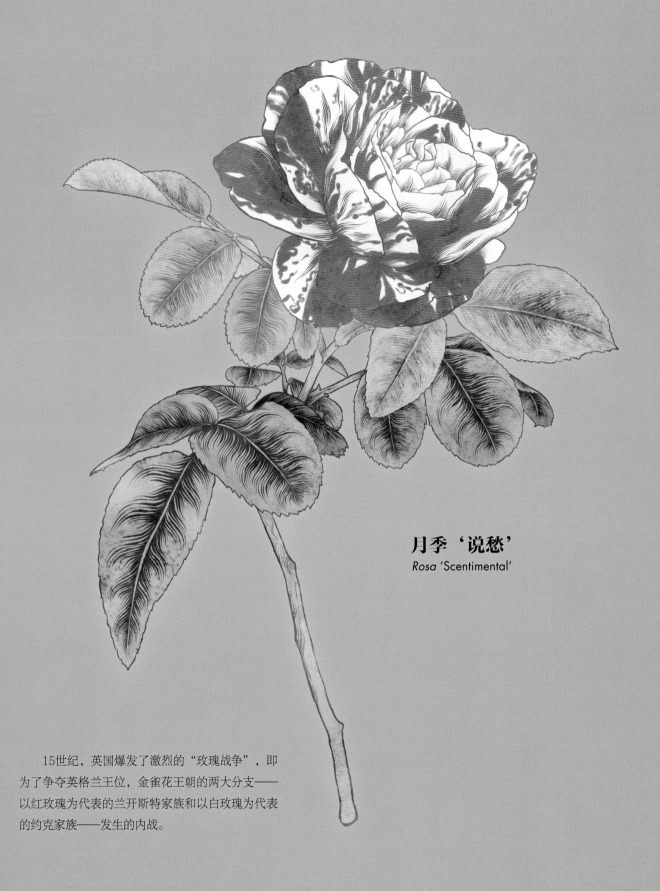

月季 '说愁'
Rosa 'Scentimental'

15世纪，英国爆发了激烈的"玫瑰战争"，即为了争夺英格兰王位，金雀花王朝的两大分支——以红玫瑰为代表的兰开斯特家族和以白玫瑰为代表的约克家族——发生的内战。

日本晚樱‘关山’

Prunus serrulata 'Kanzan'

LEGUME

豆科

除了南极，你在地球上的任何一个地方都能看到豆科植物的身影。其中包括金合欢属（*Acacia*）植物，它们约在1.4亿年前起源于冈瓦纳大陆。豆科是一个古老又庞大的植物家族，科内共包含超过23000种不同的植物，从巨大的热带乔木到高矮不一的灌木，再到攀缘弯曲的藤本，以及各类粮食作物等。

豆科植物能固氮，这种适应能力从大气层中的氧气还比较缺乏时就演化出来了。根瘤菌寄生在豆科植物根部，将空气中的氮气转化成植物能吸收利用的形式。金合欢属植物丝毛相思（*Acacia holosericea*）的种子富含氮元素，近百年来，澳大利亚土著居民将其像扁豆一样煮熟了进食。与此同时，欧洲人从公元前6000年时就开始对蚕豆（*Vicia faba*）大快朵颐了。

经化石研究表明，豆科植物自5600万年前就出现在地球上了。

翡翠葛（*Strongylodon macrobotrys*）是蚕豆的近亲，但在外形上要美丽得多。翡翠葛原产于菲律宾，为大型常绿攀缘植物，多生于热带雨林中以及潮湿的溪边，茎长达18米，蓝绿色的小花成簇聚集，组成下垂的总状花序。夜幕降临，蝙蝠被散发着宝石般光泽的花朵吸引，倒挂着取食花蜜。同时，它们的脑袋会沾上花粉，再将花粉传到其他植株上。

另外一种同样美丽但更为常见的豆科植物是紫藤（*Wisteria sinensis*）。作为一种大型藤蔓植物，冬季时豆荚成串残留在光秃的树枝上，开花时倒挂的紫色花序似风铃般垂下，是室外凉亭种植的绝佳植物。

在澳大利亚干旱的内陆腹地，生长着奇特的沙鹦豆（*Swainsona formosa*）。这是一种令人过目不忘的野花，有着猩红色的花瓣和黝黑的眼斑，与身下黄褐色的土地形成了鲜明的对比。对澳大利亚土著来说，这是代表着哀恸的"血之花"，提醒他们铭记外族人对他们土地的入侵。

在地中海的西西里岛上，一株香豌豆（*Lathyrus odoratus*）改变了历史的进程。这种自花传粉的植物可以完全复制自己细胞内的遗传信息，产生与自己完全一样的后代。基于此，园艺师开始使用毛刷，或者将兔子尾巴绑到小木棍上，为其进行人工授粉，让不同植株杂交以培育新品种，这创造了一个来自植物的实验灵感。对香豌豆的试验使得人们开始对其近亲——普通豌豆（*Pisum sativum*）也进行了研究，当孟德尔通过试验发现了豌豆性状的遗传规律后，近代遗传学的序幕由此被拉开了，人们的研究逐步深入到基因和DNA层面，还为包括达尔文在内的生物学家提供了全新的理论依据和研究方向。香豌豆也直接证明了花不只是好看！

前页图：

多叶羽扇豆'画廊蓝'
Lupinus polyphyllus 'Gallery Blue'

紫藤

Wisteria sinensis

花语：执着、耐心、持久的爱。

蜗牛藤
Cochliasanthus caracalla

28

香豌豆 '塞西尔先生'
Lathyrus odoratus 'Sir Henry Cecil'

29

银叶金合欢
Acacia podalyriifolia

种子味美，蚂蚁喜食。

30

沙鸚豆
Swainsona formosa

31

翡翠葛
Strongylodon macrobotrys

33

DAISY

菊科

菊科植物生性强悍而又平易近人，绚烂的花朵如骄阳般明丽，历来被视作勇敢、乐观的象征，其花色缤纷，花瓣层层展开，似人的笑脸。

菊音似聚，在西方语言里，菊的意思是女首领。正如名字所展示的，菊科是一个极其庞大的类群，是真双子叶植物中的第一大科，共包含植物超过23000种，常见的大丽花、百日草、向日葵，以及药用的蓍草、松果菊等都是菊科植物。千百年来，菊科植物与人们的生活息息相关。

在中国，人们与产于本地的菊花（*Chrysanthemum morifolium*）的故事可以追溯到公元前500年，那时的术士就把菊花作为一种延缓衰老的药剂使用。菊花的花瓣可用来制成具有疗愈功能的甜饮，叶片可蒸熟食用；有些人把菊花花瓣和蛇一起烹制成菊花水蛇羹。但直到魏晋时期，中国人才开始赏菊，歌颂其淡然、清高的品格。由于花色别致（有明黄、砖红、暗紫、浅粉等色），僧人开始在寺院周围的墙篱下成排种植低矮的菊花花丛。

菊可调理血气，清热解毒。

在墨西哥、危地马拉和哥伦比亚的山峰上，树大丽花（*Dahlia imperialis*）的株高可达10米。阿兹特克人和玛雅人将其甜甜的块根像土豆一样煮熟食用，深绿色的叶片用来做菜，似竹的茎用来在旅途中盛水。为了防止被美洲驼取食，安第斯山脉的另一种植物——刺菊木（*Barnadesia spinosa*）则长出了如钉子般粗大的刺。

自从18世纪末，跟随西班牙舰队出征的植物学家把大丽花的幼苗带回欧洲，人们对大丽花的喜爱就从未停止过，培育出了单瓣花型、重瓣花型、仙人掌型的栽培品种，其花大似飞盘、小如硬币。19世纪，欧洲掀起了花卉品种收藏热潮，其中以大丽花和菊花尤为盛行，火红、淡黄、亮橘色的品种都是当时的珍品。现在知名的栽培品种有'魅影''粉色长颈鹿'，前者外圈花瓣平展，后者花瓣双层，形似兰，带粉色斑点，微向内卷。

外表精致的千叶蓍（*Achillea millefolium*）在路边随处可见，是一种神奇的药用植物。几个世纪以来一直被用来治疗各种疾病，包括减缓血液流动、愈合战争中士兵受的枪伤等。千叶蓍耐寒，也可用于花境布置。

松果菊属（*Echinacea*）植物原产于美洲草原，印第安原住民用其增强免疫力，治疗感染。现在的松果菊园艺杂交品种如'极致火烈鸟'（'Supreme Flamingo'）、'惊奇梦想'（'Amazing Dream'）等看上去色泽明快、美丽动人。

洋蓟（*Cynara scolymus*）的肉质花苞富含抗氧化成分，人们常将其剥皮后食用。巧克力秋英（*Cosmos atrosanguineus*）的酒红色花瓣散发着天鹅绒般的光泽，而且有淡淡的巧克力香味，虽不能食用，但只闻味道也可使大多数人满足了。

前页图：

大丽花'星精灵'，大丽花诺娃系列'勃艮第''岛民'
Dahlia 'Star Elite', Dahlia Dahlinova 'Carolina Burgundy', Dahlia 'Islander'

大丽花 '粉色长颈鹿'
Dahlia 'Pink Giraffe'

37

大丽花‘蜜桃丘比特’

Dahlia 'Peach Cupid'

大丽花‘蜜桃丘比特’

Dahlia 'Peach Cupid'

大丽花 '牛奶咖啡'
Dahlia 'Cafe Au Lait'

大丽花是美国西雅图市的市花，
每年有众多的大丽花展览在此举办。

大丽花'魅影'
Dahlia 'The Phantom'

菊花

Chrysanthemum morifolium

菊花和樱花一直以来都是备受日本人推崇的文化象征。

从花语上来说，菊花一直是阳光和欢乐的代名词。

菊花
Chrysanthemum morifolium

狭叶松果菊
Echinacea angustifolia

43

菊花
Chrysanthemum morifolium

44

菊花
Chrysanthemum morifolium

NIGHTSHADE

茄科

这个植物类群中不乏"邪恶"的角色，但论"恶毒"之最当数曼陀罗，其毒轻则致幻，重则使人精神错乱，甚至丧命。

曼陀罗的种子含有各种麻醉成分，拥有令人治愈或者致死的强大力量。如果使用得当，这些神奇的植物可以起到麻醉剂的作用，以抑制哮喘发作，治疗晕车，减少伤口感染，以及缓解关节疼痛。如果使用不当，受害者则会变得意识模糊、记忆丧失、意志涣散，更容易遭受抢劫、绑架和性侵害。

在中美洲的河滩和肥沃的土壤上肆意生长有9种曼陀罗属（*Datura*）植物，包括曼陀罗（*Datura stramonium*）、洋金花（*Datura metel*，又名白花曼陀罗）等。在黄昏时刻，蝙蝠和其他生物出来活动时，曼陀罗属植物喇叭状的花朵开始绽放，释放出诱人的花香。

木曼陀罗属（*Brugmansia*）是曼陀罗属的近亲，属内植物有粉花曼陀罗（*Brugmansia suaveolens*），其植株矮小，铃铛似的花朵垂向地面。这种植物曾遍布哥伦比亚和秘鲁的安第斯火山土中，目前在野外已灭绝。

说到正与邪的较量，茄属植物比所有童话故事都展现的淋漓尽致。

所有的曼陀罗属、木曼陀罗属和茄科其他大部分植物，如颠茄（*Atropa belladonna*），体内都含有托烷类生物碱——一种植物为了自卫而产生的化学物质，集中在种子和叶内。这些托烷类生物碱——阿托品、莨菪碱和东莨菪碱——具有致幻性，几个世纪以来被巫师们在黑巫术中使用：印度教徒在宗教仪式中借此来祭拜湿婆，南美洲巫师借此在精神世界中接触先祖，或者用药物治疗所谓的坏孩子，使他们更加顺从。

曼陀罗在美国也被称作"詹姆森草"（jimson weed），这个名称是由詹姆斯敦（Jamestown，弗吉尼亚州的一个边防小镇）简化而来。1676年，驻扎在此的英国士兵遭遇食物短缺，遂将曼陀罗花炖了吃，在接下来的11天里，他们不断出现意志涣散、神志不清、衣不蔽体等状态，还伴有严重的腹泻。

过去，女士们用颠茄来放大瞳孔，她们认为这会使自己在约会对象的眼中更富魅力。东莨菪碱在第二次世界大战中也被用作"吐真剂"，同时也用于减轻女性在分娩时的疼痛，但也可使人失忆。

众所周知，烟草也是茄科植物的一员（而且是"邪恶"的一员），其产生的利润颇丰，内含能令人上瘾的尼古丁类物质。矮牵牛（*petunia*）看起来和烟草很像，在南美洲土著居民所说的图皮-瓜拉尼语中，"petun"的意思就是烟草。

然而，茄科植物并不全是"恶魔"，其中不乏"正义"的一方，如常见的土豆、茄子、西红柿和辣椒等。它们营养丰富，富含抗氧化剂，这些来自"新大陆"的食物深深融进了我们的食谱中，改变了我们的生活方式。

以上就是茄科植物，最险恶的与充满希望和价值的种类都集中于此。具体怎么评价，请三思而后行。

前页图：

洋金花'金皇后''紫霓裳'
Datura metel 'Golden Queen' and *Datura metel* 'Fastuosa'

圣曼陀罗
Datura wrightii

金杯藤

Solandra maxima

此花拥有巨大的黄色杯状花冠，
在夜晚散发浓香，深得蝙蝠喜爱。

大花曼陀罗

Brugmansia suaveolens

51

矮牵牛'星空'
Petunia 'Night Sky'

深紫或深蓝色的花瓣，仿佛染上了银河倾泻的星光，如群星般璀璨。

长筒蓝悬铃果

Iochroma cyaneum

这种植物不可食用，还是静静
欣赏它那美丽的紫色小花吧。

53

ORCHID

兰科

兰科是有花植物中最大的科，从恐龙还在地球上踏足，从孔子向世界传授智慧，从痴迷的植物猎人寻找旷世珍宝时起，兰花就已存在于这个世界。

除开南极洲，随便选择一个大陆，你都能发现兰花的踪迹。兰科植物千变万化，包含2.6万多个种、10万多个栽培品种，生物多样性极其丰富。它们长在沙漠、沼泽、雾林和竹丛中，不断适应瞬息万变的自然环境。它们有的陆生，在地下形成块茎；有的终生长在地下，甚至在地下开花；有的附生，通过气生根吸收空气中的水分和养分；有的腐生，靠与真菌共生获取养分；有的气味芬芳，有的则恶臭扑鼻；有的姿态优美，令人感叹自然的鬼斧神工，也有的外形丑陋，不忍直视。

百变的兰花大家族总是不乏惊喜。兰花的花形多为左右对称，似人脸，看着十分舒服，但其词根却指向人体的另一个器官。兰花（orchid）的英文词根"orchis"在古希腊语中意为睾丸。早期，兰花的俗名还有"狗蛋"（dogstones）、"野兔子蛋"（hares' bollocks）等。

夜石豆兰（Bulbophyllum Nocturnum）原产于巴布亚新几内亚，一生仅绽放一晚。

相反，在中国和日本，兰花则是优雅的代名词，中国人还相信兰花有驱除邪魔的作用。在清朝，能在画布上画出栩栩如生的兰花是一项了不起的技能。书上记载，只需蜻蜓点水般蘸一下墨，然后快速下笔，这样画出的兰花灵动秀美，宛若凤凰展翅。

随后，19世纪下半叶，兰花风靡欧洲。植物猎人被派往中美洲的森林或巴西的某个不知名的高原上去寻找遗失的兰花植株。在佛罗里达的沼泽森林里，他们找到了濒临灭绝的鬼兰（Dendrophylax lindenii），这是一种十分诡异的植物，它没有叶片，看着就像一只跳跃着的青蛙，因此也被称为白蛙兰。这种兰花只能由巨型天蛾授粉，因为只有它的口器够长，足以触及花距底部的蜜腺。

另一种十分重要的兰科植物是香荚兰（Vanilla planifolia），它是在16世纪由阿兹特克国王蒙特祖玛推荐给远道而来的西班牙探险者的。蒙特祖玛最喜欢的饮料是巧克乐托（chocolatl），这是一种由碎可可、香草和红辣椒酿造而成的有泡苦味饮料，也被认为是一种春药。香荚兰还被用来制造朗姆酒以及充满异域风情的香水，迄今为止它也是一种高产值的粮食作物。

尽管兰花已经成功繁衍了千百万年，然而某些兰花现在面临被过度采摘而濒临灭绝的处境，包括土耳其和东非的野生陆生兰花，以及中医常用的石斛兰等。2010年，为了防止被盗采，英国甚至派兵守护仅存的一株杓兰（Cypripedium calceolus）。有些兰花收藏者会出价上千美元在黑市购买兰花，使这些承载着人类历史的珍贵精灵陷入灭绝的境地。

第54页图：

圣斯威森兜兰、新营红网兜兰
Paphiopedilum Saint Swithin (Philippinense × rothschildianum)
and Paphiopedilum Hsinying Rubyweb

苏氏兜兰

Paphiopedilum sukhakulii

兜兰属于兰科杓兰亚科，据传
产自塞浦路斯岛——爱之女神阿芙
洛狄忒的诞生地。

卓花石斛 '半白'
Dendrobium anosmum 'Semi Alba'

兰花的演化历史可以追溯到1亿年前的白垩纪。

蝴蝶兰久保红玫瑰‘莫奈’
Phalaenopsis Jiuhbao Red Rose 'Monet'

蝴蝶兰‘宝石天空’
Phalaenopsis 'Diamond Sky'

缟轭兰星斑‘帕克赛德’
（流苏加柳兰与轭瓣兰跳跃杰克杂交品种，获美国兰花协会功勋奖章）
Galeopetalum Starburst 'Parkside'
Galeottia fimbriata × Zygopetalum Jumpin Jack

蕙兰天堂惊喜'红斑'
Cymbidium Paradisian Surprise 'Speckles'

紫花卡特兰
Cattleya purpurata

柏蕾卡兰‘三角洲国王’与
卡特兰‘玛丽之歌’杂交种
Brassolaeliocattleya 'Delta King'
× Cattleya 'Mari's Song'

紫纹卡特兰杂交种
Cattleya purpurata hybrid

卡特兰莫特堡 '花豹'
Cattleya Fort Motte 'Leopard'

细斑卡特兰
Cattleya guttata

卡特兰火之幻 '伊希曼努'
（获美国兰花协会功勋奖章）
Cattleya Fire Fantasy 'Ihimanu'

暗色蕾丽兰
'黑巧克力' × '雨林'
（获美国兰花协会特优奖章）
Laelia tenebrosa 'Dark Chocolate' × 'Rainforest'

嘎斯凯卡特兰
Cattleya gaskelliana

HEATH

杜鹃花科

19世纪，植物猎人在喜马拉雅山脉东部的偏远山区搜寻杜鹃花的新种——一类喜冷凉、多雨气候的杜鹃花科植物。自16世纪由中国、地中海和阿巴拉契亚山脉等原产地引进开始，杜鹃花已在欧洲的花园中种植了数百年。然而，狂热的收藏家和植物学家迫切需要新的种类，他们资助园艺猎人前往杜鹃原产地，即位于云南、西藏和四川等地的低矮山峰和雪山腹地去找寻新种。

最早获批进入这片土地的植物猎人历经跋涉，与孤独和严寒做斗争，在此驻扎了数月甚至数年的时光，最终带回上千种新种的标本。随着杜鹃花风靡整个欧洲大陆，众多收藏家被这种常绿的灌木植物深深吸引，他们惊叹于其光泽的绿色叶片，姹紫嫣红的花朵映衬着厚厚的积雪，显得愈发娇艳。

维多利亚时代的园丁们不惜花费数百万美元，只为获得这些异域"美人"的种子。

杜鹃花的拉丁学名属名*Rhododendron*意为"树月季"，它们应当引起人们的警惕，因其能在高山、沿海地区以及婆罗洲潮湿的丛林中茁壮成长，这意味着它拥有强大的适应能力，能在竞争中战胜大多数本土植物。

随着媒体曝出杜鹃花侵占斯诺登尼亚（英国山峰），替代了当地的野花和林地，并将其描述为"无情的植物杀手"，人们对杜鹃花的痴迷变成了愤怒。罪魁祸首是彭土杜鹃（*Rhododendron ponticum*），其叶片有毒，能防止野生动物啃食，进而占领当地的生态系统。时至今日，这仍然是一些国家所面临的首要环境问题。

然而并非所有的杜鹃花科植物都是破坏者。科桑杜鹃（*Rhododendron kesangiae*）生长在海拔很高的地方，是不丹的神树，其花朵初放时为粉紫色，凋落时转为紫色，象征着美丽与纯洁。在苏格兰的西北高地上，生长着世界上最神奇的杜鹃花，其花瓣五颜六色，就像彩虹在这儿安了家。玛卡贝娅杜鹃'匹罗'（*Rhododendron macabeanum* 'Flora Pi Lo'）的花色丰富——暗粉、黄色、白色，而且它们都生长在同一株植物上。它生长于普乐维一个小村落的因弗鲁花园中，那里的丰沛降雨、酸性土壤加上墨西哥暖流，创造了极其罕见的小气候。该花园的首席园艺师相信，当地气候中彩虹甚至是三重彩虹出现的频率远高于平均值，是造成这种杜鹃花"同株异色"的原因。

如今，杜鹃花在世界各地的花园中随处可见，尽管不再具备异域风情，但它们美丽依旧，绽放的花朵仿佛诉说着探险与荣耀的故事。

前页图：

杜鹃 '花园彩虹'

Rhododendron 'Garden Rainbow'

科桑杜鹃
Rhododendron kesangiae

美洲越橘、臼莓、欧洲越橘，以及富含
抗氧化成分的蓝莓都是杜鹃花科植物。

69

杜鹃 '辛德瑞拉'
Rhododendron hybrida 'Glenn Dale'

杜鹃‘火焰’
Rhododendron 'Firelight'

浅色的杜鹃花通常靠浓烈的香气来吸引昆虫，
花色艳丽的杜鹃花则用绚丽的色彩来吸引传粉者。

杜鹃 '绚蓝'
Rhododendron 'Blue Peter'

多叶杜鹃
Rhododendron × bathyphyllum

多叶杜鹃花粉制成的蜂蜜有毒，在尼泊尔一些地区的宗教仪式上被用作致幻剂。

玛卡贝娅杜鹃 '匹罗'
Rhododendron macabeanum
'Flora Pi Lo'

PLANTAIN

车前科

"天灵灵，地灵灵，生者亡，亡者生。"这句古老的谚语，警告人们小心这种美丽而危险的植物——毛地黄（*Digitalis purpurea*）。几百年来，毛地黄一直被用于治疗心脏病，其与精灵、巫术、助产术和医术都有些关联。

毛地黄原产于西欧，生长在开阔的林地、草地，以及靠海的悬崖和山坡上。它们又高又直的顶生花序上开着钟形的小花，看起来就像小铃铛，也像狐狸爪子上的小手套（foxglove）。在欧洲的民间传说中，毛地黄是一种神圣的花，女巫们用它来与仙子交流，或者用它打破魔咒。童话中，坏仙子会把此花送给狐狸，用来藏匿它们的脚步声，或者教狐狸"摇动"花朵，警告猎人的到来。在花园里种植毛地黄被视作对仙子的邀请，但把它们剪切下来放到屋里，则被视为对恶魔的邀请。

在野外，毛地黄是一种开漂亮紫色花、花冠喉部有斑点的植物，不过如今，小花毛地黄（*Digitalis parviflora*）的花色有白色、黄色、鲜红色、暖棕色等。这种植物开花繁茂，蜂鸟喜欢它们鼓胀的种荚，蜜蜂则会爬到花筒深处取食花蜜。

在威尔士的传说中，毛地黄的摆动不是因为风，而是认出了路过的仙子和精灵。

人们有时也称毛地黄为"女巫的手套"或"外婆的手套"，将其与女性的魔法联系在一起，乡村医生和女巫常用毛地黄来治病。1875年，英国植物学家和医生威廉·威瑟林将毛地黄记载为世界上最早的心脏病药物。他用毛地黄的叶片提取物（地高辛或者毛地黄毒苷类的强心苷）来治疗水肿，这种疾病使人体内积液过多，通常是由充血性心力衰竭所引起。时至今日，地黄类药物仍然是治疗心脏病药物中的重要成分。

还有一则传言是关于凡·高的，他的医生加歇可能给他开过洋地黄类药物，来治疗他的癫痫（实际并不能）。高浓度的地高辛会使人患黄视症，这是一种色觉缺陷病，导致病人看所有东西都是黄色的，灯光也是黄色的一圈，同时还会导致双眼瞳孔大小不同。艺术史学家仔细研究了凡·高为加歇医生（两人都服用毛地黄过量）所作的画，以及凡·高的自画像，认为地黄服用过量可以很好地解释凡·高自画像中双眼瞳孔大小不同，以及其艺术创作的"黄期"和作品《星夜》中出现的各种光晕等问题。

毛地黄还是推动故事情节的关键，不论是在阿加莎·克里斯蒂1938年的小说《与死神约会》中，还是当代大热的电视剧《犯罪现场调查》中，毛地黄都被用作谋杀案的关键物证。

第74页图：

毛地黄
Digitalis purpurea

土耳其毛地黄
Digitalis trojana

罗马神话中，花卉与富饶女神弗洛拉用
毛地黄轻触朱诺（宙斯的妻子）的胸部和腹
部，随后朱诺怀孕，生下战神马尔斯。

绿花毛地黄
Digitalis viridiflora

金鱼草 '蝴蝶夫人'
Antirrhinum majus 'Madame Butterfly'

金鱼草 '苹果花'
Antirrhinum majus 'Apple Blossom'

PROTEA

山龙眼科

山龙眼科（Proteaceae）是世界上最古老的开花植物类群之一，这个古老的家族拥有天鹅绒般柔软的苞片和坚韧的革状叶。在1.8亿年前的古冈瓦纳大陆上，恐龙还漫步于热带丛林时，这种花就出现了。侏罗纪时期，原始大陆开始漂移，慢慢形成我们今天所见到的陆地分布，帝王花属（Protea）和木百合属（Leucadendron）最终定居在南非；而大部分其他植物，如特洛皮属（Waratah）、佛塔树属（Banksia）、哈克木属（Hakea）和银桦树属（Grevillea）则随着去了大洋洲；那些更轻、可以随风飘扬的种子则越过大西洋、印度洋，将种群传播到更广阔的大陆上。尽管生长的地区不同，这些植物都拥有着同一个祖先。

山龙眼科植物富含花蜜，靠喜食糖浆的蜂鸟、甲虫、蜜蜂和负鼠传粉。

山龙眼科的名字取自希腊神话中的变形者、海神波塞冬的儿子普鲁托斯（Proteus）。这个科植物的大小、形状和质地千变万化。以帝王花（Protea cynaroides）为例，在种群繁盛的好望角地区，一株只能开6朵花，花朵硕大，形似皇冠，瑰丽多彩，花色有深红、暗粉、黄白等，摇曳在灰绿色的、泛着光泽的叶片上。另一种生长在好望角的植物叫小叶帝王花（Protea repens），以其丰富的营养物质为人所知，自19世纪以来就被用来治疗咳嗽。摇动它的花头，即可收集花蜜，然后熬煮成糖浆。

在印度洋彼岸，悉尼周边的砂石地中生长着另一种富含花蜜的山龙眼科植物——美丽山魔木。这里的孩子们都喜欢把这种红花瓣开，从花筒中吸食花蜜。这些像蜂蜜一样的透明糖浆是澳大利亚土著的重要食物，在欧洲殖民时期，也是逃犯的食物来源。爽脆而营养丰富的澳大利亚坚果（Macadamia integrifolia）也原产于澳大利亚，但其最大的商业种植区多位于夏威夷以及南非等地。

红火球帝王花（Telopea speciosissima）的花序整齐，色泽鲜红，多用于当地土著的隆重宗教仪式上。有个传说讲述了一个披着沙袋鼠毛皮的女人的故事。她的沙袋鼠毛皮上装饰着凤头鹦鹉的羽毛，当得知爱人没能从战场上回来时，她悲痛欲绝，忧伤致死。在她死去的地方诞生了红火球帝王花。

红火球帝王花的生长地经常在夏季被森林大火烧毁，但是这种聪明的植物早已练就了从富含营养物质和芽点的地下木茎中再生的本领。山龙眼科植物的根能够从贫瘠的沙地中获取养分，这使它们能够在干旱和恶劣的环境中生存。这种植物不仅外形美丽异常，而且是吃苦耐劳、生命力顽强的象征。

前页图：

红火球帝王花 '粉色激情'
Telopea speciosissima 'Pink Passion'

红火球帝王花

Telopea speciosissima

澳大利亚艺术家玛格丽特·普雷斯顿以其美丽的红火球帝王花木版画而闻名。

虎克佛塔树
Banksia hookeriana

佛塔树凋谢的圆锥花序极具特色，中间的圆柱体上覆盖着细毛，聚集的种子囊就像一堆眼睛。难怪它们在梅·吉布斯的故事中扮演邪恶的大坏蛋斑克木人。

佛塔树
Banksia serrata

夹竹桃叶帝王花

Protea neriifolia

帝王花
Protea cynaroides

帝王花是山龙眼科中花序最大的植物，直径可达30厘米；同时也是南非的国花，南非国际板球队队名。

LILY

百合科

看看郁金香，它是百合科中最臭名昭著的一个类群。正是这种娇弱的花引发了17世纪席卷欧洲的狂潮，导致了近百年的经济危机。

郁金香主要原产于中亚的天山和帕米尔高原，长期由奥斯曼帝国的种植者种植。有段时期人们热衷于植物插画这种新艺术形式，这种热情在制作植物画册时达到顶峰。此时，稀有的、来自异域的美丽花朵"土耳其郁金香"出现了，投资者的热情也再次高涨起来。于是，当这些花真的出现在欧洲人的视野中时，"郁金香热"顷刻蔓延开来。

郁金香种球的市场交易规模之大史无前例，对于精明的人来说意味着无尽的财富，对于不那么精明的人而言则是无尽的地狱。始作俑者是荷兰人，他们在烟雾弥漫的昏暗酒吧里进行着狂热的交易，通常都在喝了很多酒之后。为了能参与交易，鞋匠、伐木工人和乡绅们不惜赌上几英亩地，变卖自己的财产。郁金香种球一天内能多次转手，有时甚至都没见到货就转手了，价格也变成天文数字。

郁金香花一时盛，荷兰举国为之狂。

郁金香'永远的奥古斯都'（'Semper Augustus'）的白色花瓣上有红色条纹，由于其斑驳的颜色，一度是最昂贵的郁金香品种（具有讽刺意味的是，其斑驳的条纹被证明是由病毒引起的）。1627年，荷兰人的年平均收入约为150~300弗洛林，但当年一株'永远的奥古斯都'就可以卖到1000弗洛林。十年后，就在市场崩盘前夕，一株'永远的奥古斯都'种球的价格已经高达10000弗洛林。"郁金香热"被认为是世界上第一个有记录的投机泡沫，即使在今天，郁金香仍然是一个由荷兰人主导的、价值数十亿美元的产业。

但百合科的历史可比郁金香要悠久得多。这个芳香无比的家族在5200多万年前演化而来，包括来自叙利亚和土耳其的百合属植物、来自中国和日本的亚洲百合、盛开于北美落基山脉的洪堡百合（*Lilium humboldtii*），以及生长在四川山谷中的岷江百合（*Lilium regale*）。在古希腊，百合（以及番红花、水仙）可以制作成芬芳的花环，用来装扮女神阿芙洛狄忒。在古埃及法老的坟墓里，也发现了百合花的踪迹。历史上，百合叶片则可入药，用来治疗蛇伤，缓解烧伤和溃疡。

另一种圣洁的百合属植物是圣母百合（*Lilium candidum*），古希腊人培育它有3500多年的历史，它是圣母玛利亚纯洁的象征。这种花同时受青铜时代的米诺斯人和古罗马人所崇敬，他们在古壁画和手工艺品上雕刻圣母百合，意为永垂不朽。在许多重要的艺术品中也有圣母百合的身影，其中包括桑德罗·波提切利著名的《天使报喜》。

罗马神话中有一则关于女神朱诺的故事，她也是罗马万神殿的女王、宙斯的妻子。据传朱诺生下赫拉克勒斯不久，就开始给孩子喂奶，喂着喂着便睡着了。当赫拉克勒斯挣脱出母亲的怀抱时，乳汁流到了地上，便长出了芬芳的百合；有些流到了天上，则形成了璀璨的银河。

前页图：

郁金香'永远的奥古斯都'
Tulipa 'Semper Augustus'

郁金香

Tulipa gesneriana

91

紫基郁金香‘雷格尔’
Tulipa borszczowii 'Regel'

92

花贝母

Fritillaria imperialis

原产于库尔德斯坦，也被称为"玛利亚的眼泪"，
巨大的花蜜滴落，仿佛在为世间的苦难哭泣。

波斯贝母
Fritillaria persica

阿尔泰贝母（花格贝母）

Fritillaria meleagris

顾名思义，它的花瓣上布满了红色和粉色的
小格子，仿佛是棋盘格。

台湾百合
Lilium formosanum

法语中的fleur-de-lis，指的就是百合（一般更常指黄菖蒲，有时也指百合——译者注），是14世纪法国王室的象征，同时也是美国新奥尔良市的象征。

台湾百合

凯洛格百合

Lilium kelloggii

凯洛格百合

Lilium kelloggii

欧洲猪牙花

Erythronium dens-canis

奇异延龄草
Trillium decipiens

WATERLILY

睡莲科

睡莲是水生植物的奇迹，其遍布于世界的热带水系中，从亚马孙地区的浅滩到卢旺达的温泉，再到巴拉圭肥沃的潟湖都有其身影。

睡莲花有的小如纽扣，有的大如保龄球。该科中的珍品，如亚马孙王莲（*Victoria amazonica*）和克鲁兹王莲（*Victoria cruziana*），就是以女王维多利亚命名的巨型植物。

南美洲土著用亚马孙王莲入药，泡茶喝以缓解哮喘和其他支气管疾病。

王莲的肉质根茎埋在河床的淤泥中，长长的叶柄支撑着坚硬的、边缘上卷的叶片。叶柄下部有尖刺，可以防止鱼类啃食。它那巨大而隐秘的花朵一年仅绽放两个夜晚。夜幕降临，白色的花慢慢浮出水面，释放出甜美的菠萝香气，花朵内部的加热系统使得香味四处飘散。当地的蜣螂受到香味的诱惑，飞到花中找寻花蜜。花瓣轻轻包围着蜣螂，把它困在里面，也为其带去温暖。次日晚上，花朵再次开放，这次是以雄花的状态出现，花瓣也转为粉色。蜣螂再飞到旁边白色的雌花中，在无意中就已经为这种巨大的植物完成了传粉。此后，王莲的花慢慢地关闭，沉到水中，等待明年的到来。

睡莲叶中大者可坐人，小者似硬币。

对于一座时髦的19世纪欧洲温室来说，这种具有异国情调的、花朵巨大的水中"美人"是必收之物。法国印象派画家克劳德·莫奈对睡莲非常着迷，他从亚马孙河和埃及进口了许多稀有的睡莲，植于他位于吉维尔尼家中的水上花园内。当地政府声称这些植物会污染水源，要求他将这些植物连根拔起，但莫奈拒绝了。受这些飘浮的叶片、独特的花朵和池塘上交错迷离的光影的启发，他画了多幅睡莲图。

在此期间，莫奈的妻子和儿子都去世了，这位艺术家因无法完成创作而备受折磨。至亲不断逝世，他也被诊断为患有白内障，在接连的打击下治愈他的就是这座花园。在他生命的最后20年里，莫奈完成了他的"睡莲"系列——近250幅油画，全都是他珍爱的睡莲。如今，这一系列每张作品的价值都在5000万美元以上。

2014年，因一起发生在英国皇家植物园邱园的惊天盗窃案，另一种睡莲名声大振。这就是世界上最小、最稀有的侏儒卢旺达睡莲（*Nymphaea thermarum*）。一位专业的植物窃贼从威尔士王妃温室池塘附近的潮湿土壤中偷走了一株此种植物的样本。随之而来的是媒体的疯狂报道——《邱园遭窃》《当植物狂人变身植物犯人》，报道同时讲述了这种微型睡莲只在卢旺达的温泉四周生长，现在野外已经灭绝，生长地也已被破坏。伦敦警察厅担心它会在黑市上出售，黑市上不法的植物收藏者会支付数千英镑购买那些稀有或濒危的植株。显然，睡莲的美足以使一些人铤而走险。

前页图：

亚马孙王莲
Victoria amazonica

有时也被称作"鳄鱼莲"，因其硕大的叶片正好可容纳一条鳄鱼栖息于下方。

睡莲 '粉妆'
Nymphaea 'Madame Wilfron Gonnere'

对页图:
睡莲'柠檬蛋糕'
Nymphaea 'Lemon Meringue'

克鲁兹王莲
Victoria cruziana

古埃及人在神圣的仪式、坟墓和葬礼的花环中使用睡莲，
在图坦卡蒙国王的木乃伊上也发现了睡莲的踪迹。

睡莲'热带风情'
Nymphaea 'Tropical Punch'

睡莲 '紫焰流金'
Nymphaea 'Plum Crazy'

107

IRIS

鸢尾科

鸢尾科是一个花色繁多的美丽家族，几千年来一直吸引着艺术家、科学家和园丁的目光。唐菖蒲身姿挺拔，花序直立健壮；小苍兰香气迷人，小小的植株从地面钻出，宣告春天的到来。

鸢尾属的花朵高度对称，有的花瓣朝上，有的朝下（有的花瓣上还附有绒毛）；下垂的花瓣为传粉者提供了一条完美的降落带，可沿着花瓣的脉络直接到达花蜜处。它的花色众多，有红的、黄的、粉的、紫的、橙的，还有艳蓝色的。它的花序从基部剑形的叶丛中抽出，一个花头可有多种颜色。鸢尾科植物适应性极强，在炎热、恶劣、半干旱的条件下，以及全球大部分地区的草地、沼泽和山区都能见到它们的身影。细根茎帝鸢尾（*Iris sofarana*）是一种大型鸢尾，花瓣呈深紫色，仅生长在黎巴嫩高海拔的岩坡上，极为稀有，现由于过度采摘而几乎灭绝。

迄今为止，最著名的鸢尾科植物当属番红花（*Crocus sativus*）。注意区分番红花和秋水仙（*Colchicum autumnale*），后者有剧毒，前者则因拥有较高药用价值的橙红色花柱而极具经济价值。

希腊神话中的女神艾瑞斯是彩虹的化身。

番红花其实并不是一种野生植物，而是其祖先卡莱番红花（*Crocus cartwrightianus*）的杂交品种。在古米诺斯统治的青铜时期，古希腊人就在石灰岩质的土地里种植卡莱番红花了。同时期锡拉岛（现名圣托里尼岛）的壁画中就描绘了两名女子采摘番红花的场景。此外，在有5万年历史的伊拉克洞穴中也发现了用番红花作颜料的绘画艺术。

在中世纪，番红花是一种无与伦比的奢侈品，它可以入药，为皇家礼服染色，也可以制成香水，抑或给食物染上金黄的色彩。在浴缸中撒入番红花则是古埃及、古希腊和古罗马富人的传统。亚历山大大帝曾使用番红花浴加速伤口愈合；埃及艳后则在欢爱前泡番红花浴，为闺房增添情趣。

13世纪40年代，黑死病在欧洲肆虐，人们对番红花——被认为能治愈鼠疫——的需求变得疯狂。其中一剂药方如下：蛇皮、鹿心骨、亚美尼亚黏土、贵金属、芦荟、没药（热带树脂，可作香料、药材）和番红花。当时海盗猖獗，一大批运往巴塞尔的番红花（约价值50万美元）被盗，引发了番红花战争，巴塞尔和奥地利为夺回番红花展开了长达数月的战斗。据传番红花的药效极其显著：在17世纪医生的处方中，仅需极少量番红花便可刺激血液流通，治疗尿道感染，缓解胃部不适。

番红花一年仅开一次花，每朵花上只有3根花柱，这些花柱须由人工精心采摘，之后经晒干变成橙色细丝状，直接出售或磨成粉末出售。由于花柱体量小，大约需要8万朵花才能制成1千克番红花药材，有些不法商人会用万寿菊和红花来作假，购买时务必要注意区分。按单价计算，番红花是世界上最昂贵的香料，常被称为"红色黄金"，当宾夕法尼亚的荷兰人在16世纪把番红花引入美洲时，它的价格确实相当于黄金。人们用它来给米饭上色，比如印度烤饭、意大利烩饭等，或者为西班牙海鲜饭和法国肉汤增加一种独特的刺激性味道。

前页图：

双花番红花
Crocus biflorus

德国鸢尾

Iris × germanica

111

突厥鸢尾
Iris damascena

在希腊神话中，鸢尾是奥林匹亚众神的信使；她给众神
提供花蜜，风呼啸而过，消息也随风从天空传向地底深处。

尖裂鸢尾
Iris acutiloba

荷兰艺术家文森特·凡·高
去世前一年在精神病院住院期间
也画过鸢尾。

德国鸢尾
Iris × germanica

德国鸢尾
Iris × germanica

PEONY

芍药科

芍药花妩媚妖娆，丰满灵秀，花朵硕大，花瓣层层展开，散发出令人沉醉的柑橘或麝香的气味。在中国和日本，"牡丹凝视"则道出了人们欣赏其千姿百态的花朵时的情景，其花色有大红、绛紫、浅粉、乳白等，如同画家的调色板般丰富多彩。

芍药为多年生草本植物，基部半木质化。另一种木本植物牡丹被中国人尊为"花王"，是富贵、吉祥和好运的象征。此外还有伊藤牡丹，以日本育种家伊藤的名字命名，他将牡丹与芍药进行杂交，创造了优良的伊藤杂种——茎更粗壮，花期更长，观赏期也更长。可惜在新的品种开花之前，伊藤就去世了，不知道自己为园艺界留下了多么宝贵的遗产。

歌川国芳是日本浮世绘木刻版画大师，其作品中的起义武士纹有牡丹图样。

牡丹在中国有1000多年的种植历史，栽培中心位于当时的国都洛阳，也是洛河与黄河的交汇处。民间传说武则天下令让长安御花园内的百花在隆冬时节盛开。百花皆听命，唯独牡丹不从。一怒之下，武则天将牡丹花贬至洛阳，不料花朵在此反而盛开得更加艳丽。武则天也将都城迁至洛阳，并在花园内都种上了牡丹。

所有好的故事都有一定的事实依据，上述故事也是。历史学家认为，皇帝将花朵栽植于温室内，使花朵整年开放，是皇权威慑力的体现。如今的洛阳是"世界牡丹之都"，每年春天数百万人去那里欣赏长达一周的牡丹花展，如果武则天在天有灵，肯定也会非常欣慰。

在塞尔维亚的民间传说中，欧洲芍药（*Paeonia peregrina*）的深红色花朵代表着14世纪科索沃战场上士兵们的鲜血。而在希腊神话中，变身为芍药则是司空见惯。为了不让别人看见自己的裸体，害羞的仙女会变身为芍药；当阿芙洛狄忒发现阿波罗和其他美女调情时，愤怒之下把那位美女变成了红色的芍药。另一个传说是关于派翁（**Paeon**）的，他是奥林匹亚众神的医生，受到医神埃斯科拉庇俄斯的指导。派翁用芍药根茎的汁液来为诸神医治伤口，这激怒了嫉妒的埃斯科拉庇俄斯，幸好宙斯赶来，将派翁变成了一株芍药，将其从愤怒的医神手中解救了出来。

长期以来，古代医生都把芍药的根和种子当催情剂使用，同时芍药还可用于治疗痈肿和疖子。17世纪的医生建议儿童佩戴芍药籽项链来预防"跌倒病"（癫痫发作）。为了防止人们随便采摘这种良药，民间还有一些迷信传说：随意采摘芍药会招来仙人的诅咒，或者眼睛被啄木鸟啄去一块！

在中世纪，艺术家致力描绘芍药的心皮——人们认为这是整株植物最有价值的部分。雷诺阿也曾画过芍药，许多文身艺术家喜欢在人身上文上这些繁复的花朵。

不要被芍药科植物柔弱的外表所欺骗，其背后蕴含的能量也许超乎你的想象。

前页图：

紫斑牡丹
Paeonia rockii

牡丹 '满月'

Paeonia x arendsii 'Claire de Lune'

伊藤杂种 '黄色幻想'
Paeonia itoh 'Lemon Dream'

芍药根系含有镇痛剂成分，
早期医生用其治疗夜间多梦。

芍药 '美玉壶'
Paeonia lactiflora 'Bowl of Beauty'

牡丹 '岛锦'

Paeonia suffruticosa 'Shima Nishiki'

牡丹 '蒲田壁画'
Paeonia suffruticosa 'Kamata Tapestries'

苟药 '华丽梦音'
Paeonia 'Walter Mains'

苟药不受小鹿和兔子喜欢，
却极易招引蝴蝶。

苟药'烈焰'
Paeonia 'Blaze'

拿破仑的皇后约瑟芬在她马尔迈松城堡的花园内种植了许多芍药，其中还有一株约瑟夫·班克斯送来的牡丹。

牡丹
Paeonia suffruticosa

芍药 '霜露奇葩'

Paeonia lactiflora 'Rare Flower of Frosty Dew'

GERANIUM

牻牛儿苗科

时而清新，时而狂野，时而惊悚，这就是牻牛儿苗科——一个适应性强、种类繁多，几百年来让人捉摸不透同时又爱不释手的植物大家族。早期的植物学家将天竺葵和老鹳草归为同一个属，其实不然。盾叶天竺葵、香叶天竺葵和天竺葵都是牻牛儿苗科天竺葵属（*Pelargonium*）植物，实际上该科另有一个属叫老鹳草属（*Geranium*）。

不管你怎么称呼它们，这些植物可个个都是花园里的"常胜将军"，它们能在炎热、干旱的夏季生存，花开数周连续不断。在马达加斯加、新西兰、也门、土耳其的安纳托利亚半岛和澳大利亚都可以看到这些植物的身影。第二次世界大战后，天竺葵在澳大利亚大受关注，一度掀起"天竺葵热"。南非拥有种类最多的天竺葵属植物：碱蒿叶天竺葵（*Pelargonium abrotanifolium*）原产于西开普的裸露岩层中，别看它个头小，却能在干旱的环境中生长良好。

天竺葵（*Pelargonium × domesticum*）是本属植物的一个代表种，其花开繁茂，美丽动人。叶色也十分多变，有银色、红棕、金色和红色等，新潮又时髦，给年久的花园增添了少女般的活泼和妩媚感。盾叶天竺葵（*Pelargonium peltatum*）的蜡质叶片层层叠叠，覆盖在窗外的吊篮和植物架上，为欧洲的街头增添了几分浪漫色彩。大花天竺葵（*Pelargonium domesticum*）是一种叶片微皱、花朵鲜艳的杂交种，花瓣喉部带条纹，看起来更像三色堇或杜鹃花。

在维多利亚时代，一些天竺葵和其他植物常被称为"××夫人""××小姐"或"××先生"。其中有种"波洛克夫人"是重瓣品种。现代命名法省略了这些称谓，仅保留了品种名。

药剂学家约翰·道尔顿把红色天竺葵看作蓝色，也因此发现了自己是色盲的事实。

有些天竺葵的命名虽然随意但十分贴切，如香叶天竺葵。当抚摸其天鹅绒般柔软的叶子时，会释放出一种类似薄荷、玫瑰、柑橘、肉桂和菠萝混合的芳香，简直是一种极致的感官享受。从叶片提取的精油有些被用于芳香疗法，或者用于制作香皂、香水；有些则进入厨房，煮成茶饮。一些厨师会在蛋糕模具底部铺上一层薄荷天竺葵（*Pelargonium tomentosum*），以丰富蛋糕的口味。

有些天竺葵是知名的药用植物。狭花天竺葵（*Pelargonium sidoides*）的根部提取物可用于治疗呼吸系统疾病。虽然南非当地人一直都知道狭花天竺葵的这一疗效，但直到19世纪末，在查尔斯·史蒂文斯宣称治好了他的肺结核后，这种植物才开始引入英国。查尔斯17岁确诊患有肺结核，之后便移居南非，据说当地人用一种"秘方"来为其治疗。他回到英国后，开始推销这种神奇的药，但却遭到医学界的嘲笑和诋毁。直到20世纪70年代，狭花天竺葵的提取物才被批准成为一种药物。如今，天竺葵和松果菊一起被作为药剂销售，用于缓解呼吸道感染所引发的症状。

牻牛儿苗科还有很多可爱的植物，称呼它为老鹳草也好天竺葵也罢，都丝毫不减此花的迷人魅力。

前页图：

天竺葵 '沃伦诺斯·科拉尔'
Pelargonium 'Warrenorth Coral'

天竺葵 '粉鲑鱼'
Geranium 'Graffiti Salmon'

天竺葵的种子特别像鸟嘴，这也
解释了它为什么被称为鸟嘴花（pel-
argonium或cranesbill），pelargos
和crane在词源上是鹳的意思。

对页图:

天竺葵'弗兰克·海德利'
Geranium pelgardini 'Frank Headley'

天竺葵'银边苹果碗'
Geranium 'Appleblossom Rosebud'

MAGNOLIA

木兰科

早在9500万年前，木兰科的植物靠古老的甲虫来授粉。甲虫被木兰的硕大花朵和气味所吸引，在花朵富含花粉的雄蕊中穿梭，以摄取足够的蛋白质。

19世纪，当植物猎人在尼泊尔、锡金和中国云南的喜马拉雅山区寻找稀有植物样本时，他们也被木兰艳丽的花朵所吸引。他们发现木兰林多是落叶乔木，生长于气候凉爽的地区，乳白、粉色和紫色的杯状花朵绽放于光秃的、泛着银色光泽的枝干上。

如果植物猎人发现一棵开花的树，意味着后期可以采摘种子。据说当年欧内斯特·威尔逊在中国四川发现凹叶木兰（*Magnolia sargentiana*）时高兴极了。几年后，当他返回当地时，这棵树已被砍掉。幸好通过这些植物收藏家的艰辛努力，几乎所有喜冷凉气候的木兰都成功引种到了西方。

一棵木兰树最长可活近百年。

美国和西印度群岛也是某些木兰科植物的原产地，它们在墨西哥湾沿岸的美国南部各州的亚热带海岸上繁茂生长。有些早已经成为当地的文化习俗：气味芳香的弗吉尼亚木兰（*Magnolia virginiana*）一开花，预示着佛罗里达州的春天到来了。荷花玉兰（*Magnolia grandiflora*）的花洁白高雅，是路易斯安那州和密西西比州的州花，后者常被称为"木兰之州"，南方的女性则被称为"钢木兰"，暗示拥有美丽与坚强共存的内在力量。再往西走，你就会走到"木兰城"，即得克萨斯州的休斯顿，这个绰号源于19世纪70年代，当时这座城市被大量的木兰林所覆盖，至今仍有许多木兰林生长在布法罗河口岸边。

在日本，木兰花不仅可供观赏。日本厚朴（*Magnolia obovata*）叶片宽大、柔韧，可以像芭蕉叶一样用来包裹肉和蔬菜，在木炭上烧烤。荷花玉兰的柔嫩花瓣和花蕾可经腌制后食用，或用来给米或茶调味。在中国，自公元600年以来，玉兰（*Magnolia denudata*）就在佛教寺庙中种植，象征着高雅纯洁。

木兰是两性花，开花后雌花先成熟，之后雄花才绽放，这样可增加植株异花授粉的概率。近年来，特别是在新西兰和美国布鲁克林植物园，育种家不断丰富木兰的花色，培育出了'瓦尔肯'（'Vulcan'，深红色）、'黑色郁金香'（'Black Tulip'，深紫色）、'菲利克斯'（'Felix'，亮粉色）、'黄鸟'（'Yellow Bird'，金黄色）和芳香的'勃艮第之星'（'Burgundy Star'，深紫红色）等品种。

毋庸置疑，木兰科大家族中不断有新品种涌现，与此同时，古老的品种也仍备受人们的喜爱。它们那顽强、优雅、圣洁的花朵，将在未来继续欢迎园丁的到来和探索。

前页图：

布鲁克林玉兰'黄鸟'
Magnolia × brooklynensis 'Yellow Bird'

由布鲁克林植物园培育，被认为是世界最美的黄玉兰品种。

二乔玉兰
Magnolia × soulangeana

18世纪末，当二乔玉兰初次引种到英国时，保守的英国人认为其太过美艳而不适合种植到英国的花园内。

武当玉兰
Magnolia sprengeri

武当玉兰
Magnolia sprengeri

星花木兰
Magnolia stellata

二乔玉兰'瓦尔肯'
Magnolia × soulangeana 'Vulcan'

荷花玉兰
Magnolia grandiflora

141

HYDRANGEA

绣球科

绣球作为少有的能在荫蔽环境下开花繁茂的植物，为花园的角落增添了美丽色彩，备受全世界老一辈园艺爱好者的喜爱。随着株型紧凑的新品种不断问世，绣球在年轻一代中也流行起来。

绣球（*Hydrangea macrophylla*）的变色原理如今已被很多人知悉，其鲜艳的大花球能够根据土壤pH的不同而改变颜色。在酸性土壤中，其花色是浓郁的蓝紫色，如生长在美国科德角海岸的绣球；而在碱性土壤中则会开出粉红色和红色的花朵。这是为什么呢？因为绣球花具有富集效应，体内的花色素能够与土壤中积累的铝离子发生反应，呈现出不同的色彩。

在英格兰有个迷信的说法，如果家里有女儿的种了绣球，这姑娘一辈子就嫁不出去了。

绣球属常见于东亚和美洲，俗称hortensia，拉丁语意为"来自花园的"。几年前，当法国宪兵追踪"绣球大盗"时，绣球一时成了新闻头条。"绣球大盗"是一群年轻人，专门用从公园和私人花园里偷来的绣球和烟草一起干燥后，得到一种类似于大麻的轻型致幻剂，吸食后的副作用包括胃痛和头晕等。大量食用绣球可能会中毒，其芽、花和叶中都含有苦杏仁苷，可以分解成氢氰酸，即第二次世界大战中用来屠杀的有毒气体齐克隆B的原料。

但是大部分时候，绣球还是因其美丽的花朵被人所惦念。绣球是绣球属中最引人注目的一种，其叶色翠绿，花球似老式浴帽般硕大；花边绣球也不逊色，中间的花骨朵被外侧花所包围，仿佛镶了一圈花边，俏皮又美丽。栎叶绣球（*Hydrangea quercifolia*）的叶子像栎树叶般奇特，圆锥绣球（*Hydrangea paniculata*）的花朵似舞动的圆锥，冠盖绣球（*Hydrangea petiolaris*）可以攀爬在藤架上，开出大量乳白色的花朵。绣球'约瑟夫·班克斯爵士'（'Sir Joseph Banks'）是一个古老的品种，为纪念这位著名的植物学家而得名，它被认为是最早从日本引入欧洲的品种之一。

绣球在日本文化中备受尊崇，在和服、古代木版画、陶瓷和织物上都有体现。绣球广泛种植在公园和寺庙的花园里，其绽放预示着日本雨季的开始。日本人用当地的粗齿绣球（*Hydrangea serrata*）的叶子冲泡制成一种甘甜的草药茶，名为"天堂之茶"，被隆重地用于佛祖生日那天给佛像沐浴，其嫩枝和嫩叶则可作绿叶菜食用。

绣球的后起之秀——深紫色和拥有全新色彩的复色品种，为这个多元化的家族注入了新的活力。

前页图：

粗齿绣球'蓝鸟'
Hydrangea serrata 'Bluebird'

绣球

Hydrangea macrophylla

因花朵色彩瞬息万变，也被戏称为"变色玫瑰"；
日语中也称其为nanahenge，意为"七种形变"。

由于花朵繁多，结果率低，绣球的花语为浮夸的、
自负的，但是粉色绣球可以代表"你是我的心跳"。

栎叶绣球'小蜜蜂'
Hydrangea quercifolia 'Little Honey'

大花圆锥绣球
Hydrangea paniculata 'Grandiflora'

147

对页图：

绣球'无尽夏'
Hydrangea macrophylla 'Endless Summer'

绣球'花叶'
Hydrangea macrophylla 'Mariesii Variegata'

在魔法世界中，绣球
可用来解除巫术。

OLIVE

木樨科

"油橄榄树，真是野性十足！"印象派画家皮埃尔–奥古斯特·雷诺阿在1918年给他的朋友兼艺术品经销商的一封信中写道，"风一吹，树的色调就变了。颜色不在叶子上，而在叶与叶之间的空隙里。"

就像睡莲庄园是莫奈的灵感来源一样，雷诺阿也沉醉于其农场里一片古老的油橄榄树林，雷特庄园的这片林子洋溢着南法独有的美丽阳光。6年来，他一直尝试在画布上捕捉油橄榄（*Olea europaea*）的神韵，却总是无法还原它那盘根错节的枝干和泛着银光、影影绰绰的叶片，这真是让人沮丧至极。但雷诺阿并不孤单，许多伟人——包括凡·高、莫奈、埃德加·德加、亨利·马蒂斯和萨尔瓦多·达利——都曾尝试还原这位地中海女神的风姿，成功的却寥寥无几。

被油橄榄迷惑的不仅是艺术家。数千年来，从古代以色列到希腊和黎凡特，人们在神圣的祭祀仪式上，以及国王和祭司的即位仪式上都会用到橄榄油。《圣经》中诺亚方舟的故事中也写道：大洪水期间，诺亚派了一只鸽子去寻找陆地，鸽子回来时嘴里衔着橄榄枝，预示着洪水过后生命之神再次显灵。

油橄榄是全世界种植最广泛的作物之一，粗略估计约有9亿棵。

在神话故事中，宙斯的女儿——希腊女神雅典娜用魔法使一棵油橄榄降落在雅典卫城，也让雅典人感念至今。然而，油橄榄的确切来历尚不明确。化石告诉我们，油橄榄生长在希腊群岛的石灰岩火山土中，那么它的栽培可能始于5000多年前，人们培育出这种能在地中海漫长炎热的夏季茁壮生长的植物。在希腊，油橄榄的木材被用来制作一种叫"xoana"的古代神像；在首届古代雅典奥林匹克运动会上，人们用橄榄油来点燃象征奥运精神永恒的火焰。后来，16世纪的西班牙商人将橄榄油带到了美洲大陆，此地阳光充足，极适合油橄榄的生长。

作为传统，地中海的大家族会在收获日聚集在一起，采摘成熟的油橄榄果实。他们摇晃树木，把布铺在地上接住坠落的果实，然后把饱满的紫黑色果球和绿色果球分别挑出来。果实经过冷榨和碾磨提取油脂，多余的果实则用盐水浸泡储存起来，以备全年使用。

产地不同，橄榄油的风味也会发生改变。因此，与黎巴嫩用来蘸扎塔尔煎饼的橄榄油相比，淋在沙拉上的意大利橄榄油会有一种别样的果香和胡椒的辛辣味。

另一种为人熟知的木樨科植物是素方花（*Jasminum officinale*），因其甜美馥郁、令人陶醉的香味而被称为"精油之王"。黄昏来临，花朵的香气散发着夏天的味道，让人不禁猛吸几口。

那么雷诺阿到底有没有捕捉到油橄榄的灵魂呢？历史给出了肯定的答复，就在那幅著名的描绘着他心爱的庄园的画作《切格尼丝的油橄榄园》中。

前页图：

素方花
Jasminum officinale

其精油具有凝神静气的作用，常用于香水和芳香疗法中。

欧丁香
Syringa vulgaris

欧丁香 '蓝色少年'
Syringa vulgaris 'Little Boy Blue'

金钟连翘
Forsythia × intermedia

欧丁香 '白色天使'
Syringa vulgaris 'Angel White'

橄榄枝一直被视为和平的象征。"橄榄枝请愿书"
避免了18世纪美国和英国之间的战争，联合国旗帜上
的图案也是一个被橄榄枝环绕的地球。

欧丁香'灵感'
Syringa vulgaris 'Sensation'

ALLIUM

石蒜科

石蒜科拥有许多美丽的球根花卉，人们称其为"微笑杀手"，从春天盛开的洋水仙（*Narcissus pseudonarcissus*）到餐桌上的常客洋葱（*Allium cepa*）、大蒜（*Allium sativum*）和南欧蒜（*Allium ampeloprasum*），都是这一科的植物。

洋葱是世界上最古老的蔬菜之一，其纤细的茎秆顶着蕾丝般轻盈的花朵，膨大的鳞茎常见于世界各地的餐桌。洋葱的细胞被切开时会释放出一种让我们的眼睛流泪的化学物质，很多人都被这种不起眼的蔬菜辣哭过。莎士比亚称其为"洋葱之泪"，但被洋葱辣出来的眼泪不过是"假"眼泪，所有哺乳动物的眼睛都会流泪，但只有人类会流"真"眼泪。生化学家威廉·弗雷发现，因悲伤或情绪变化而流泪比被洋葱辣出的眼泪蛋白质含量更高，也是人类排出有毒物质、缓解压力的一种方式。

说到洋葱，脑海中就浮现出一个典型法国人的形象：他留着卷曲的小胡子，穿着条纹衬衫，戴着贝雷帽，一根杆子上挂着一串串洋葱。在20世纪的布列塔尼，被称为"洋葱约翰"的推销员带着他们的产品穿过英吉利海峡，骑着自行车，挨家挨户向英国家庭主妇推销洋葱。在20世纪20年代的全盛时期，估计他们向英国售出了约9000吨洋葱。

只凭种球很难区分有毒的水仙和普通的洋葱，因此误食导致中毒的事件偶有发生。

除了能增加食物风味，大蒜还被认为可以驱散吸血鬼——在许多文化中，吸血鬼都被认为是真实存在的。古罗马士兵会在他们的剑上涂抹大蒜——一种抗凝剂，这样他们刺中的人便会流血致死。

自中世纪以来，鲜艳明媚的水仙花就被人们栽培驯化了，其原产于西班牙和葡萄牙的伊比利亚半岛上，如今绽放在全球数百万座花园中，预示着春天的到来。它们摇曳在开阔的林地和草地上，看上去可爱极了。因为能散发出诱人的香气，16世纪的欧洲人用它来制作花环。但水仙的根、茎、叶和花都有毒，连水仙（narcissus）这个名字也来源于希腊语中"麻醉药"（narcotic）一词。摄入少量水仙花只会引起轻微的恶心，但是大量摄入则会引起心脏骤停。约10年前，英国一群小学生在上完烹饪课后被送进了医院，原因是一个学生在汤里放了一个水仙花球！

在希腊神话中，水仙象征着虚荣、地狱和死亡。故事里说，宙斯和得墨忒耳美丽的女儿珀尔塞福涅被一朵水仙花迷住了。当她弯腰去摘那朵黄色的花时，脚下的土地忽然裂开，她被冥王带到了地狱。另一个版本则是关于河神刻菲索斯和沼泽之神莉瑞欧普的儿子——俊美异常的那耳喀索斯（Narcissus）的。据说在他打猎时，无意间瞥见水中自己的倒影，便无可救药地爱上了倒影。他一直凝视倒影，一刻也不愿离开，就这样死去了。在他死去的地方长出了一朵花，花头朝下，仿佛在凝视自己的倒影。后来，精神病学家西格蒙德·弗洛伊德根据这个故事创造了"自恋者"（narcissist）这个词。

在野外挖掘植物根茎的人在遇到美丽的石蒜科植物时务必当心，因为这些植物有毒。当然，洋葱除外。

前页图：

石蒜
Lycoris radiata

这种原产于亚洲的有毒植物被种在稻田四周，充当天然的驱虫剂。

洋葱

Allium cepa

洋葱启发瑞典植物学家卡尔·林奈发明了
一种植物命名系统，至今园艺中仍在沿用。

垂花葱
Allium cernuum

162

秘鲁水仙 '兹瓦南堡'
Hymenocallis × festalis 'Zwanenburg'

在象征主义画家古斯塔夫·克里姆特晚期的作品之一《舞者》中，绘有一丛显眼的金色水仙花。

POPPY

罂粟科

罂粟（*Papaver somniferum*）的恶名可谓尽人皆知，其薄如蝉翼的花瓣呈现鲜红、粉红、紫红的色泽，富含鸦片的汁液给人们带去愉悦，同时也带去毁灭。

罂粟原产于地中海西部，沿着古丝绸之路从欧洲一路传到中国和世界其他地方，在炎热干燥的墨西哥和臭名昭著的"金三角"（缅甸、老挝和泰国）广泛种植，"金三角"曾经是全球海洛因的主要产地，如今阿富汗几乎种满了这种邪恶的植物。

古希腊人和古罗马人用鸦片来缓解疼痛，并且自此以后再没发现比其更加有效的止痛药物。

罂粟在6000年前首次被人类种植，新石器时期人们就开始利用它乳白色的具有麻醉作用的树液了。人们切开罂粟的种荚，收集渗出的白色胶液，将其干燥后出售。种荚里还有成百上千的黑色罂粟小种子，可用于烹饪，东欧人尤其喜爱。然而，摄取过多含有激素的罂粟籽后，极有可能无法通过药物检测。

红色的虞美人象征着对归国将士的纪念。

鸦片的主要成分吗啡于1803年被提取出来，至今仍是衡量止痛效果的基准。因为具有镇静作用，吗啡（Morphine）以古希腊梦之神莫斐斯（Morpheus）的名字命名。19世纪的医生将这种神奇的药物作为治疗各种疾病的灵丹妙药。罂粟花和罂粟果甚至被作为图腾而出现在英国皇家麻醉师学院的盾徽上。

鸦片的合法消费在19世纪达到顶峰，一个可以购买并吸食鸦片的场所——鸦片烟馆——在中国、美国和法国兴起。吸食者斜靠在床上，用长长的烟斗在油灯上加热鸦片，吞云吐雾。鸦片和鸦片酒（一种含吗啡的酒精饮料）一度成为游手好闲之徒和文人间的消遣之物，包括作家托马斯·德·昆西，他还写了本畅销书，名为《一个英国鸦片吸食者的自白》。美国总统托马斯·杰斐逊也曾吸食鸦片，20世纪80年代，美国缉毒局在他的蒙蒂塞洛庄园发现并运走了大量罂粟。

关于鸦片的贸易一直存在争议。中国人试图阻止西方商人向中国贩卖和走私鸦片，但闭关锁国的清政府无力与完成工业革命的大英帝国抗争。两次鸦片战争后，中国丧失了自主贸易权。到19世纪末，中国许多人都染上了鸦片烟瘾。

紧接着是海洛因，其最早在德国用吗啡合成。据称，早期参与药物试验的人描述他们感到了一种精气和活力。海洛因于1898年全世界推广使用，作为吗啡的非成瘾性替代品合法销售，并在瓶子上贴上"海洛因"的标签。然而，1924年美国将其定为非法药物之前，很多人已经上瘾。

时至今日，印度、土耳其和澳大利亚仍允许合法种植用于医用吗啡的罂粟。但对众多的园艺师来说，这些都不那么重要。对他们来说，盛开的罂粟就是美丽的花朵，五颜六色的罂粟花开了，春天也就要来了。

第164页图：

绿绒蒿 '林霍尔姆'
Meconopsis 'Lingholm'

罂粟 '舞池皇后'
Papaver somniferum 'Drama Queen'

167

古埃及法老图坦卡蒙墓棺材上的彩色花束中就有虞美人的身影。

虞美人 '靓丽灰'
Papaver rhoeas 'Amazing Grey'

荷包牡丹
Lamprocapnos spectabilis

牡丹罂粟'维纳斯'
Papaver paeoniflorum 'Venus'

冰岛罂粟
Papaver nudicaule

171

RANUNCULUS

毛茛科

毛茛科中尽是迷人的角色，既有杀手也有侦探，有莽夫也有智者，优雅与狂野相互交织，神话与科学并驾齐驱。

毛茛科的家族成员可不会闲着，隆冬时节这些植物就开始忙活起来了，圣诞玫瑰开了花，银莲花也展露笑颜，铁线莲则爬上了凉亭，金黄的毛茛也用闪闪发光的花瓣向人们打着招呼。

在印第安人的传说中，高毛茛（*Ranunculus acris*）被称为"郊狼之眼"，郊狼把它的眼睛抛向天空，天上的鹰把眼睛叼走了，郊狼用闪亮的毛茛花做成自己新的眼睛。几百年来，孩子们也一直玩着毛茛花的游戏，这个古老的游戏能测试他们是否喜欢黄油。孩子们把花放在下巴下面，如果花瓣在他们的皮肤上反射出黄色的光，就说明这个人喜欢黄油。虽然这种推理没什么依据，但也许在科学上有某种合理的解释。

毛茛在拉丁语中意为"小青蛙"，得名于该科中很多植物都生长在青蛙多的水域附近。

近一个世纪以来，研究人员一直在研究毛茛的颜色，探索其花瓣发光的奥秘。毛茛花瓣的表层非常薄，含有吸收蓝光的色素；花瓣底部是淀粉层，中间夹着空气囊。当光波穿过花瓣时会发生折射，并与花瓣的内部结构相互作用，就像一面镜子，呈现出类似彩虹的色彩。当太阳升高时，这些花就会"闪光"，以吸引蜜蜂和其他传粉者。在寒冷的日子里，毛茛甚至可以追随阳光来为自己取暖，其花瓣弯成一个杯状，花朵倾斜着，就像用火来烤手，为自己收集热量。对于传粉昆虫来说，这里也是一个温暖舒适的所在。

不过，毛茛的花色不一定非得是黄色。花毛茛（*Ranunculus asiaticus*）也被称为波斯毛茛，花瓣层层紧裹，有洋红色、粉色、橙色或白色等颜色。

丛林银莲花（*Anemone nemorosa*）的花瓣展开时如笑脸，在温带林地和严酷的高山中都能生长良好。关于冬季开出五彩缤纷花朵的毛茛科植物，有很多民间传说。希腊神话则讲述了女神阿芙洛狄忒和英俊的凡间情人阿多尼斯的伟大爱情故事。当阿多尼斯在狩猎时，阿芙洛狄忒的前任情人阿瑞斯伪装成野猪将他杀死，伤心欲绝的阿芙洛狄忒在爱人身旁哭泣，眼泪和阿多尼斯的血液混在了一起。在他曾经躺倒的地方，猩红色的欧洲银莲花（*Anemone coronaria*）破土而出。

一直以来，毛茛科植物都是厄运、死亡和背叛的象征。这或许是因为毛茛科植物都富含有毒化合物，包括原白头翁素、各种生物碱和糖苷类物质。在古代，人们通过乌头汁来杀人或者自杀，几小时内便可死亡，哪怕只是皮肤碰到这种危险的植物也会导致昏迷和呼吸紊乱。

第172页图：

高翠雀花'珊珊落日'
Delphinium elatum 'Coral Sunset'

在爱尔兰和英格兰民间传说中，银莲花
闭合是有仙子在里面熟睡了；尽管大部分人
只是将其看作是下雨的前兆。

欧洲银莲花‘复色’
Anemone coronaria 'Bicolor'

在爱尔兰和英格兰民间传说中，银莲花
闭合是有仙子在里面熟睡了；尽管大部分人
只是将其看作是下雨的前兆。

175

铁线莲 '多蓝'
Clematis florida 'Multi Blue'

铁线莲 '鹏鹄'
Clematis florida 'Piilu'

铁线莲是巴赫花精疗法中的一种药剂（用于缓解焦虑），有些地方的人也使用小剂量来治疗头痛。

177

对页图：

铁筷子'奥赛德'、杂种铁筷子'重瓣白斑'
铁筷子'单瓣纯白'、东方铁筷子'重瓣艾伦'
杂种铁筷子'单瓣绿'

Hellebore 'Onyx Odyssey', *Helleborus* × *hybridus* 'Double White Spotted'

Hellebore 'Single Clear White', *Helleborus orientalis* 'Double Ellen Picotee'

Helleborus × *hybridus* 'Single Green'

铁筷子'安娜红'
Helleborus 'Anna's Red'

铁线莲'卡西斯'
Clematis 'Cassis'

铁线莲'仙后'

Clematis 'Fairy Queen'

181

PASSIONFLOWER

西番莲科

在地球的热带地区，野性又狂放的西番莲繁茂地生长，它那奔放的、超凡脱俗的花朵绽放出灿烂而骄傲的光彩。

西番莲原产于佛罗里达州和中美洲潮湿的亚热带和热带森林中，以及墨西哥湾加勒比海的尤卡坦半岛上，从澳大利亚的北海岸到潮湿的越南，它们都能生长良好。

该科中的植物大部分都是速生的藤本，能够轻松向上攀缘，其卷须缠绕向上，绿色的叶子快速四处蔓延。它们芳香的花朵也令人称奇，花朵底部有5片萼片和5片花瓣，花冠由色彩艳丽的花丝组成，柱头突起，花药向外翻转，使得花粉更易被蜜蜂、蜂鸟和蝙蝠携带。

有些西番莲的花只短暂开放一天。

西番莲有时也被称为"耶稣之花"，在基督教中作为耶稣受难的象征而不朽。萼片和花瓣代表了除叛徒犹大和彼得之外的10名虔诚的使徒。花丝的圆圈代表了至高无上的皇冠，卷须象征鞭笞用的鞭子，柱头代表十字架，子房则代表圣杯。甚至西番莲的叶子——具有镇静作用而被印第安人用来治疗失眠和舒缓神经——也被认为是耶稣帮助信徒的一种方式。

该科最令人惊叹的植物莫过于大果西番莲（*Passiflora quadrangularis*），其花朵巨大而芬芳，呈深红色，上面着生数百根白色和紫色的花丝。它的藤蔓仿佛失控般长得又快又壮，果实硕大无比，其重量堪比一个新生儿。这种水果的果肉甜而不腻，可以制成水果沙拉、果汁或冰激凌。

粉色西番莲（*Passiflora incarnata*）生长极其迅速，仿佛不畏危险的勇士般，几周内就能攀到9米高。它的花朵呈艳丽的粉红色、蓝色、紫色和白色，散发蝴蝶喜爱的麝香和柠檬的气味，每朵花仅绽放一天。至于为什么叫它砰砰花，你可以用力挤压或用脚去踩它的果实，然后砰的一声就炸了。对切罗基人来说，这是一种重要的藤蔓植物，几个世纪以来一直作药材使用，它的叶子具有镇定效用，常被泡成茶饮用或者晒干烟熏，富含淀粉的根则被当作食物。但也许最著名的可食用西番莲科植物还属百香果（*Passiflora edulis*），其圆形的紫色果实内部富含维生素和抗氧化剂。

西番莲的花朵火辣、艳丽又诡异，一朵朵悬挂在郁郁葱葱的藤蔓上，令人赞叹不已，同时也为全世界的热带花园增添了一抹亮丽的色彩。

前页图：

艳红西番莲
Passiflora vitifolia

胭脂红西番莲
Passiflora kermesina

西番莲
Passiflora caerulea

斑叶西番莲
Passiflora trifasciata × telesiphe

大果西番莲
Passiflora quadrangularis

粉色西番莲
Passiflora incarnata

它是蝴蝶的宿主植物，蝴蝶常将卵产在其叶片上。

188

德蒙特西番莲
Passiflora ambigua

龙珠果
Passiflora foetida

变色龙西番莲
Passiflora cirrhiflora

189

格里塔西番莲
Passiflora gritensis

这种在凉爽气候下生长的植物，开着
鲜艳的粉红色和橙红色花朵，上面嵌着精
致的、顶部呈乳白色的花丝。

将西番莲的花朵置于一碗水中，
你会惊叹于其花朵精巧的构造，仿佛
禅宗佛法一般，令人沉思。

红花西番莲
Passiflora umbilicata

BEGONIA

秋海棠科

娇俏可人的秋海棠科是个观花植物大科，蓬勃生长在马来西亚潮湿的下层密林和夏威夷的山地小气候中。

海棠属植物种类繁多，有1600多种。有长着高高的像手杖一样茎秆的天使翼秋海棠，有长着天鹅绒般柔软叶子的多毛秋海棠，还有以其艳丽的、有图案的叶子而闻名的蟆叶秋海棠。有些秋海棠属植物呈灌木状，有些则是冬季开花的球根花卉，有些花瓣呈波浪状，还有一些具匍匐茎或攀缘茎。秋海棠为雌雄同株，雌花和雄花生于同一株植物上。

秋海棠的花有粉色、红色、白色和橙色等颜色，花心呈鲜黄色，其叶形奇特，总是偏向一侧，和花一样极具特点。产自台湾高山的水鸭脚（*Begonia formosana*），叶子呈蝙蝠状，上面有银色和白色斑点，而'蜗牛'秋海棠（*Begonia rex hybrid* 'Escargot'）的大叶子上有一个螺旋，就像刚学会拿笔的小孩画的蜗牛一样。'小美女'秋海棠（*Begonia* 'Little Miss Mummey'）的叶片上端是亮丽的黑色，点缀着美丽的银色斑点，下面则呈红色。

秋海棠的花朵有时带有淡淡的玫瑰香气。

稀有的孔雀秋海棠（*Begonia pavonina*）是一个科学性的奇迹，它的叶子上有一层彩虹般的薄膜，闪耀着绿宝石般的光泽。虹膜体帮助植物收集光线，吸收波长更长的红-绿光波，促进光合作用。这种生物适应性意味着秋海棠能够在其他开花植物无法生存的低光照森林底部茁壮成长。

如果不考虑杀虫剂残留的可能性，有些秋海棠是可以食用的。樟木秋海棠（*Begonia picta*）的根状茎可制成泡菜，而银娇秋海棠（*Begonia deliciosa*）和素丽秋海棠（*Begonia subvillosa*）的微酸叶子则可为沙拉增添一种新鲜脆爽的柑橘风味，在一些世界顶级的餐厅中，还会使用其美丽的红粉相间的肉质花瓣来装点餐盘。

长久以来，墨西哥人和亚洲人常将秋海棠叶拌入炒菜或咖喱中，用来增加维生素C的含量，或用来缓解喉咙痛或牙痛。

秋海棠喜欢热带气候，在中美洲云雾缭绕的森林、美国南部的沼泽地、非洲亚热带地区和拥有最多种类的秋海棠属植物的东南亚地区生长繁茂。该科唯一的另一个属植物是夏海棠属，原产于夏威夷。其属内只有一种植物，即夏海棠（*Hillebrandia sandwicensis*），花朵为秀丽的粉白色，生长在壮观的夏威夷怀梅阿峡谷深处。化石表明，夏海棠最早出现在5000万年前，比夏威夷群岛还要早大约2000万年，因此，科学家认为其微小如尘埃的种子应该是借着风，或者随鸟腿上的泥巴远道而来，成功地从已经消失的老家来到如今的领地。

多彩多姿的秋海棠科植物为森林最底层的景色带去了光亮，为花园和家居增添了色彩，也为园艺收藏家们带来了愉悦。

第192页图：

大理秋海棠
Begonia taliensis

194

秋海棠
'绯红贝拉吉奥'
Begonia 'Bellagio Blush'

对页图：

秋海棠'粉色温柔乡'
Begonia 'Pink Minx'

天使翼秋海棠
（乌头叶秋海棠×竹节秋海棠）
Begonia aconitifolia × *Begonia coccinea*

球根秋海棠 '杏色康乃馨'

Begonia × tuberhybrida 'Picotee Lace Apricot'

赠送秋海棠意味着警示对方。

杂种玻利维亚
秋海棠'爱慕'
Begonia boliviensis
× hybrid 'Amour'

对页图：

秋海棠‘绯红花园天使’
Begonia 'Garden Angel Blush'

球根秋海棠‘甜心’
Begonia × *tuberhybrida* B&L 'Sugar Candy'

CAMELLIA

山茶科

山茶可称得上是山茶科的花魁，在凉爽的气候中，常年身披绿油油的外衣，恰似一位娇艳妩媚的姑娘。

山茶科植物主要原产于亚洲喜马拉雅山脉的低海拔山地中，全株都可利用，其叶片可沏茶，种子可榨油，花朵可供观赏。此花在中国和日本有几百年的栽培历史，并于18世纪引入欧洲和美洲，以其极具观赏价值的粉色、红色和白色花朵而闻名，它们中有些具条纹，有些带斑点，有些则是重瓣。

中国古代的皇帝将山茶种在他们的御花园中，日本人则将山茶种在寺庙或者祭拜的地方附近，他们相信神明在民间视察的时候会住在山茶的花朵里。然而，日本神话中也警告道，千万不要把山茶花送给一名武士。这些古代的武士惧怕山茶花凋谢的样子——花朵就那样"砰"的一声，掉在地上，就像被刀砍掉的脑袋，任其枯萎腐烂。

在哈珀·李的小说《杀死一只知更鸟》中，白色的山茶花是理解和慈悲的象征。

另一个流传数百年的古老的日本传统则是利用冷榨法从山茶（*Camellia japonica*）和油茶（*Camellia oleifera*）的种子中提取茶油。武士们用茶油来保养兵器，相扑选手用其来使头发和背部保持整洁光亮，艺伎们则用茶油卸妆、护肤，以作为美容养颜的秘密武器。茶油富含维生素和矿物质，也可以食用，其烟点高，非常适合用来炸天妇罗，其口感柔和细腻，也能为沙拉酱带去独特的风味。

千百年来，山茶树的木灰一直被用来酿造日本著名的米酒——清酒。Tane-koji的意思是"霉菌花"，它是酿造清酒的关键，真菌的孢子接种到混合了木灰的大米上，激活酵母细胞开始发酵。

山茶花规则的花朵也经常出现在艺术作品中，被印在中式的屏风、瓷器上，也出现在世界顶级的时装品牌上。众所周知，时装设计大师可可·香奈儿尤爱在领口、帽子和头发上别一朵丝制的山茶花苞装饰。早在1920年左右，山茶花图样就出现在香奈儿的设计中了。

但山茶科带给世界的最大礼物或许是那一杯捧在手心的简单却令人愉悦的茶饮了。中国人率先将茶树（*Camellia sinensis*）的叶子浸泡在热水中，创造了这种提神醒脑而又入口温润的饮品。17世纪，中国茶艺传入韩国和日本，后来又传到英国，在那里茶被称为"提神却喝不醉的饮料"，永远地融入了英国千家万户的日常生活中。

第202页图：

山茶 '梦'
Camellia × 'Yume'

山茶'达洛内加'

新西兰将白色山茶花作为妇女投票权的象征，
并将山茶花印在该国的10元纸币上。

山茶'达洛内加'
Camellia japonica 'Dahlonega'

山茶‘埃及艳后’

Camellia japonica 'Dona Herzilia de Freitas Magalhães'

山茶‘跳跃’
Camellia japonica 'Kick off'

山茶‘万物生’
Camellia japonica
'Irrational Exuberance'

山茶‘玛格丽特·戴维斯’
Camellia japonica 'Margaret Davis'

山茶 '奉献'
Camellia japonica 'Volunteer'

山茶‘范希塔夫人’

Camellia japonica 'Lady Vansittart'

209

花朵总在一年中最冷的季节绽放，山茶花
也被称为"日本玫瑰"或"中国冬玫瑰"。

山茶'白斑康乃馨'
Camellia japonica 'Ville de Nantes'

山茶‘葡萄酒’
Camellia japonica 'Tama Vino'

山茶‘点绛唇’
Camellia japonica 'Lipstick Red'

MALLOW

锦葵科

有些科的植物很怪，由一些看似没有共同联系的属组成。差异巨大的锦葵科就是这样一个家族，难以想象秋葵、棉花、榴莲、药蜀葵、蜀葵、木芙蓉和妩媚的非洲芙蓉都来自同一个科。

它们有什么共性？大概就是锦葵科那具有神奇疗效的黏液了，这黏液可以说是和美感毫无关联，却因其药用价值而备受推崇。刺果锦葵（*Modiola caroliniana*）和野葵（*Malva verticillata*）可以用来治疗烧伤，减轻炎症，缓解喉咙痛和干咳。由富含黏液的朱槿（*Hibiscus rosa-sinensis*）叶片制成的红宝石茶，味道浓郁，富含抗氧化剂和维生素C。朱槿有时也被称为"中国玫瑰"，是世界上杂交程度最高的花卉之一。

印度人相信神的力量体现在木槿上，而朱槿花则是献给女神卡利和主甘尼萨的供品。

在追求精致的维多利亚时代，蜀葵被称为"屋边花"，是木屋花园中常见的植物。它们的粉紫色花序长得高大而艳丽，高到可以为室外的厕所做遮挡，因此也成为如厕的一个暗号，让上流社会的女士们可以不必说出那些难以启齿的词汇。'黑美人'蜀葵（*Alcea rosea* 'Varnigra'）是一个名贵的变种，幽暗而又神秘，也为室外的景观带去了优雅的气息。

艳丽的木槿属植物来自中国的山谷以及风景如画的南太平洋地区，是最著名的锦葵科植物，其中许多种类为肥沃的夏威夷群岛火山特有，为潮湿的雨林和低洼的沼泽增添了亮丽的色彩。黄色的夏威夷朱槿（*Hibiscus brackenridgei*）是夏威夷的州花，岛上的女性会将其别在耳后（根据风俗，右耳表示已订婚，左耳代表单身）。

木槿的神奇之处在于其花朵的颜色可以改变，比如威美亚白木槿（*Hibiscus waimeae*），它生长于夏威夷崎岖的威美亚峡谷中，此处以风化的玄武岩和瀑布地貌为特色，宛如仙境一般。鲜艳的橙红色雄蕊从花中射出，早上是白色，下午晚些时候变成粉红色。这是因为木槿花瓣中的色素（类胡萝卜素和类黄酮）会根据周围环境温度而改变色彩。颜色鲜艳的类胡萝卜素（红色、橙色、黄色）喜欢高温，所以温度越高，花色就越鲜艳，而蓝紫色和黄白色在高温下往往不太显色。与绣球花一样，木槿也受到土壤酸碱度的影响。

这个科还有很多勤勤恳恳的其他成员。如长着尖刺的榴莲（*Durio zibethinus*）在亚洲一些地方被禁止带上公共交通工具。人们对榴莲的评价也是贬褒不一，有些人觉得它奇臭无比，但另一些人则觉得它香气扑鼻。咖啡黄葵（*Abelmoschus esculentus*，又名黄秋葵）有着半透明的、呈奶油黄色的美丽花朵。它的果实可食用，非常适合用来做咖喱和一些炖菜。陆地棉（*Gossypium hirsutum*）也是在3000年前就成为制作衣物的材料了。

不论奇怪与否，锦葵科都是一个美丽的植物家族，其花朵沐浴阳光而热烈绽放，果实不断为人类提供能量。

前页图：

木芙蓉'洒金'
Hibiscus mutabilis 'Gold Splash'

蜀葵
Alcea rosea

木槿 '紫蕊'
Hibiscus syriacus 'Purple Pillar'

木槿 '蓝雪纺'
Hibiscus syriacus 'Blue Chiffon'

216

非洲芙蓉
Dombeya wallichii

木芙蓉
Hibiscus mutabilis

随着时间的推移，它那如牡丹般艳丽的花朵由粉色变为浅粉色，再变为深粉色，有时候3种颜色会同时出现在同一株植物上。

蜂鸟尤其喜欢吊灯扶桑，
常在富含花蜜的花朵中觅食。

吊灯扶桑

Hibiscus schizopetalus

DOGWOOD

山茱萸科

山茱萸树姿英俊挺拔，四季皆宜。山茱萸科树种开花时无疑令人过目不忘，在其原产地欧亚大陆和美洲，尤其是在美国南部，开花的大花四照花（*Cornus florida*）是弗吉尼亚和北卡罗来纳人的骄傲。这种植物曾经遍布美国东海岸，从缅因州到墨西哥都能茂盛生长，南至佛罗里达，北达密西西比河西岸。春天，它开出独具一格的白色花朵；夏天，它的树枝上结满了引得鸟儿前来取食的圆形红果；秋天，它披上了如云似霞的华裳；冬天，其斑驳的树皮增加了花园的情趣。在美国，山茱萸的花和苞片常常吸引来冠蓝鸦、知更鸟和红雀等野生动物。

除观赏外，欧洲山茱萸（*Cornus mas*）的果实还可以做成蜜饯。

山茱萸的花朵极具欺骗性，外面4片花瓣实际上是花的苞片，真正的花是一团微小的钮扣状花簇，包裹在苞片里面。苞片最开始是绿色的，但随着慢慢长大，会逐渐变成白色、灰色、深粉色、红色。日本四照花（*Cornus kousa*）原产于中国、日本和韩国，随着季节的变化，白色的花会逐渐变成粉红色，其中日本四照花'里美'（*Cornus kousa* 'Satomi'）能开出极为娇嫩的粉色花朵，让人以为春天又来了。草茱萸（*Cornus canadensis*）是一种来自北美洲的山茱萸科蔓生植物，花朵白色，匍匐在森林的地面上。

在中世纪，人们把大花四照花的树皮煮熟，然后用这种液体来给满身疥癣的狗洗澡，以为能起到治疗作用（实际上并不能）。时至今日，为什么把山茱萸称为狗木（dogwood）仍没有确切的解释。16世纪中期，山茱萸被称为狗木（dog tree），之后的17世纪早期，也被称为猎犬树（hound's tree）和狗木（dogwood）。据猜测，它的名字可能来自古英语中对匕首树（dagwood）的称呼，因为这种树木质地坚硬、纹理细密、强度高，常用于制作匕首。除此之外，它的细枝还能编织成结实的篮子，其他对树木硬度有要求的地方也能看到它的身影，如箭头、竹签、高尔夫球杆和轮滑的轮子。

基督教故事中也提到了欧洲山茱萸，它高耸挺立，是古耶路撒冷城附近森林中最高的树种。据传，耶稣受难的十字架就是用这种坚硬的木材做成的，长久以来，这种树都承载着导致耶稣逝去的巨大悲恸。因此，仁慈的耶稣把这种高大的树变成今天这种更粗糙、更像灌木丛的样子，这样它就再也不会被用来制作十字架了。当耶稣在第三天复活的时候，以色列森林里的欧洲山茱萸盛开，庆祝耶稣的复活。更有传言说，山茱萸花苞片顶端的锈迹，代表十字架的四个角，抑或是血淋淋的钉孔。此传说的起源并不为人所知，但对许多信奉基督教的美国人来说，这种复活节开花的植物具有特殊的宗教意义。

前页图：

墨西哥四照花
Cornus florida subsp. *urbiniana*

对页图：

日本四照花'玫红'
Cornus kousa 'Rosea'

对页图：

**日本四照花
'克里斯汀的眼泪'**
*Cornus kousa 'Kristin Lipka's
Variegated Weeper'*

大花四照花
Cornus florida

在中世纪英语中，山茱萸也被
叫作马鞭树（whippletrees）。

ASPARAGUS

天门冬科

天门冬科植物总是香气逼人，令人沉醉。它甜美的芳香勾引着调香师的嗅觉，被称作芦笋的茎秆也是餐桌上不可多得的美味。

芦笋（*Asparagus officinalis*）鲜美可口，长期以来都被当作药品、补品和催情剂。这种原产于地中海的植物的花很小，似铃铛般向下耷拉着，挺拔的茎秆则破土而出，充满了阳刚之气。在纳夫扎伊于15世纪撰写的《感官愉悦的芬芳花园》中，他建议每天吃一份煮熟后煎好的芦笋和蛋黄，这样男人就可以"在性爱时变得非常强壮"。另一种吃法是将芦笋煮熟后喝掉汤水，因为芦笋富含大量维生素和叶酸，可以刺激男性和女性性激素的分泌，提供宝贵的营养物质。

以前的法国修道院常把芦笋作为药材而栽种。

芦笋的故事远不止于此。它还是一个出版项目的一部分，这个项目于18世纪由一个极具事业心的女人组织，她便是苏格兰插画师伊丽莎白·布莱克威尔——第一批为植物进行绘画、蚀刻、雕制并手绘上色的艺术家之一。她的丈夫因经营不善，无力支付罚款而被关进了债务人监狱，是布莱克威尔的艺术救了他。她花6年时间创作了《神奇的药草》，这是一个囊括了500幅插图的大型医学项目，她的丈夫也因此项目的收益而获得保释。

在法国，路易十四推广在凡尔赛宫的花园里种植芦笋，而他的情妇蓬帕杜夫人则把这种"爱之植物"当作美味佳肴，沉醉于其鲜美的口感中而无法自拔。路易十四还下令在凡尔赛宫大量种植晚香玉（*Polianthes tuberosa*），这是一种原产于墨西哥的尤物，长着浓郁芳香的白色穗状花序。路易十四很喜欢这种弥漫在盛夏空气中的芳香，尽管有点香得发腻。几个世纪以来，它的花瓣一直被用来制作香水（玛丽·安托瓦内特王后尤为偏爱这种香水）。

另一种芳香的天门冬科植物是浪漫但致命的铃兰（*Convallaria majalis*）。这是一种有毒的林地植物，花朵呈钟形，在北半球的春天开出白色的小花，它也被称为"玛利亚的眼泪"。在基督教传说中，当圣母玛利亚为耶稣的死哭泣时，从她的泪水中开出了芬芳的花朵，这些花朵在宗教绘画中代表了谦卑。在法国，每逢5月1日，卖铃兰是一种传统，且不用交任何销售税。法国时装设计师克里斯汀·迪奥很喜欢这种气味的香水，20世纪50年代，迪奥公司制作了一款用新鲜采摘的铃兰制作的标志性香水Diorissimo。

在南非，钢丝弹簧草（*Albuca spiralis*）开着黄绿色的花朵，散发出香草般的气味，它的古怪叶子卷曲成螺旋状，形态就像苏斯博士的书中描绘的一棵树。

第226页图：
晚香玉
Polianthes tuberosa

随着夜幕降临，晚香玉的香气也愈发浓郁；法国传说中警告年轻女子
务必在闻到这种香气之前安全到家。

花叶玉竹

Polygonatum odoratum 'Variegatum'

在埃及出土的约公元前3000年的一条
装饰带上出现了铃兰的图案，人们也普遍
认为铃兰最早在古埃及栽培种植。

风信子

Hyacinthus orientalis

萱草*
Hemerocallis fulva
*现已归入阿福花科——译者注

PRIMROSE

报春花科

一闻到春天的气息，报春花便悄然绽放了，其叶片娇嫩柔弱，花朵精致可爱，是报春花科中美丽的一员，仿佛要从画中跳跃而出。

报春花科植物原产于北半球，为温带的林地和广袤的草原增加了粉、紫、黄、红等缤纷的色彩，它们可爱的身影也遍布欧洲阿尔卑斯山脉和亚洲喜马拉雅山脉的峡谷中。耳叶报春（*Primula auricula*）喜欢意大利白云石山脉的碱性土壤；开蓝紫色花的球花报春（*Primula denticulata*）则扎根于17世纪不丹著名的虎之巢修道院的悬崖附近；还有成簇竖立生长的粉被灯台报春（*Primula pulverulenta*）常见于流水潺潺的小溪附近，是该科中少见的耐湿植物种类。

高穗花报春（*Primula vialii*）的花序呈红色或紫色的火箭状，由苏格兰植物猎人乔治·福雷斯特首次发现。他的团队曾多次到喜马拉雅山脉和西藏地区探险，有些队友也葬身于此，为躲避当地人的追捕，他忍饥挨饿，用原始的设备对抗恶劣的山地环境。在他的一生中，共收集了3万多份植物样本，包括50份报春花属样本。

珍稀的勃艮第公爵蝶会在报春花的叶子背面产卵。

古代的凯尔特德鲁伊人非常珍视欧报春（*Primula vulgaris*），认为这种神圣的花朵具有神奇的守护力量，它们的花朵是天堂的象征。门前摆放欧报春表达对仙人的欢迎。人们将欧报春制成药水，在制作黄油的5月来临前，人们也把欧报春汁液涂在奶牛的乳房上以提高产量。人们在宗教仪式中使用欧报春芳香的精油来净化身体，而穿着白色长袍的德鲁伊教徒至今仍会去伦敦的报春山庆祝秋分，这个仪式可以追溯到18世纪。

然而，直到17世纪，报春花才被记载首次由弗拉芒胡格诺纺丝者人工栽植，之后才传到英国。报春花的流行在19世纪达到顶峰，整个欧洲都为之疯狂，花朵被陈列在"剧院"里——花盆像一排排座位排列着，还有窗帘为之挡雨。

中世纪的医生将黄花九轮草（*Primula veris*）视为珍宝，用于治疗瘫痪、痉挛、痛风和风湿病。还有一些人把它的叶子放在沙拉里吃，用花来给葡萄酒调味，或者做成装饰蛋糕的糖霜。

报春花科植物的授粉主要由昆虫完成。流星花（*Dodecatheon meadia*）靠蜂类完成授粉。独居蜂用嘴抓住其长长的雄蕊，迅速收缩飞行肌，把花粉从花筒中摇出来。在其他报春花科植物中，体型瘦小的蚂蚁会迅速爬到花蕊柱底部，在前往下一朵花之前，它们的身上早已沾满了花粉。

在拉丁语中，报春（primrose）意为"首次"（primus），在意大利语中的意思则是"春天"（primavera），两个名字都非常合适，指出了报春花最先在春天绽放的特点——冰雪消融之际，花朵便准备盛开了。当英国前首相本杰明·迪斯雷利去世时，维多利亚女王送去了一个黄色的报春花花环，为了纪念他而确定4月19日为报春花日。在花语中，报春花象征着永恒的爱。

第232页图：

仙客来
Cyclamen persicum

欧报春'蓝色斑马'
Primula 'Zebra Blue'

欧报春富含花蜜，芳香诱人，花瓣带有蓝白相间的条纹，
中间是亮丽的黄色花心，尤其招引蝴蝶。

美丽流星报春
Dodecatheon pulchellum

236

雪铃花

Soldanella alpina

花呈钟形，花瓣蓝紫色，在其原产地——布满岩石
的阿尔卑斯山脉和比利牛斯山脉——山坡上长势良好。

UNUSUAL SPECIMENS

罕见种类

在这里，我们把目光聚集在令植物迷们一听就兴奋的那些罕见的、怪异的或可怕的奇花异草身上。

在墨西哥的森林和沙漠中生长的美艳的大花蛇鞭柱（*Selenicereus grandiflorus*）会在夜幕降临时盛开，第二天黎明到来前闭合，一年仅绽放一次，它的花壮观无比，生活在其周围的部落会在其盛开时举办聚会。这种附生性的仙人掌科植物靠天蛾、其他夜间进食的昆虫和蝙蝠授粉，能开出白色、发光的巨大花朵——通常伴随着满月，它的花瓣需要2~3小时才能完全展开。破晓时分，喇叭状的花朵开始凋零，散发出醉人的、富含信息素的香气，经年不散。

在地球另一端的东南亚地区长有丝须蒟蒻薯（*Tacca integrifolia*），其花形非常奇特，仿佛一只长着白色耳朵、紫色脸庞、长胡须的蝙蝠。它细长的"胡须"是花朵的苞片，长可达半米，盛开时令人印象深刻。在斯里兰卡、马来西亚和不丹潮湿的热带雨林中，丝须蒟蒻薯生长在潮湿、散落着树叶的下层，它似麝香的气味吸引苍蝇为其传粉。

大花蛇鞭柱只有在生长了四五年后才会绽放出美丽的花朵。

在距离不远的菲律宾群岛和马来半岛，粉苞酸脚杆（*Medinilla magnifica*，又名宝莲灯）绝对令人叹为观止，这是一种附生植物，生长于茂密的森林中，有着青翠欲滴的绿色叶片，红润的苞片向下逐层展开，就像一串串粉红色的小葡萄。

同样来自亚洲的还有球兰（*Hoya carnosa*），它是一种常绿的附生藤本植物，还有一些球兰属植物原产于澳大利亚的热带地区。它的花朵由两层五角星组成，看上去就像迪厅的灯球，再加上其独有的蜡质外观，仿佛一件陶制艺术品。香味从它的花朵中间溢出，其色彩堪比艺术家的调色板，有红、有绿，有的还几近黑色。

在美洲的热带雨林中，你可要当心大块头的炮弹树（*Couroupita guianensis*），它那沉重的果实就像生锈的炮弹，落在地上会发出类似爆炸的巨大撞击声。在炮弹树附近，通常会设警示牌来提醒人们当心。炮弹树和巴西坚果（*Bertholletia excelsa*）都属于玉蕊科。炮弹树以其药用特性而闻名，其叶子提取物可用于治疗皮疹，缓解牙痛。它的艳丽花朵生长在从树桩伸出的长长的茎干上，其花朵排列整齐，从早到晚一直散发着浓郁的香气，吸引着蜜蜂和蝙蝠来为其传粉。

这些园艺上的奇花异草是植物界的宝藏，有些甚至可以列入植物爱好者的人生目标清单当中。

前页图：

粉苞酸脚杆（宝莲灯）

Medinilla magnifica

球兰属
Hoya sp.

昙花

Epiphyllum oxypetalum

人们描述此花的香气兼具柑橘、橙花、
兰花、晚香玉、香草以及麝香的味道。

新桥
Harrisia martinii

对页图：
莲玉蕊
Gustavia augusta

炮弹树
Couroupita guianensis

伊势瞿麦
Dianthus × isensis

这些精致的花朵，仿佛是镶褶边的风车，
整日整夜散发出浓郁的香甜气息。

丝须蒟蒻薯（老虎须）
Tacca integrifolia

致 谢

首先，感谢哈迪格兰特出版社。身后有这样一支敬业的团队支持，我倍感荣幸。同时感谢简·威尔逊、艾米丽·哈特、凯特·丹尼尔、杰西卡·洛、汉娜·舒伯特和托德·雷切尔为本书的辛勤付出。

特别感谢妮娜·鲁索的精彩解说，感谢丹尼尔·纽和他的卓越设计理念。

感谢弗兰·贝瑞一直以来相信我的能力。

感谢我的家人，他们一直用爱和幽默鼓励我完成创作，特别是我的父母布莱恩和莎莉·皮克，我的弟弟安德鲁，以及我的姨妈玛格、叔叔杰夫·科尔哈特。我的堂兄詹姆斯·科尔哈特和他的妻子弗吉尼娅，在整个创作过程中也一直无私地给予我支持。至于我母亲，我在本书第21页收录了以她的姓氏福尔摩斯命名的一种月季。这种花不仅生长在她的花园里，也生长在我姨妈的花园里，更将永远绽放在我的心里。

致我最亲爱的朋友、才华横溢的艺术家杰玛·奥布莱恩，感谢你在百忙之中为本书作序，并将我偷偷采集花朵的"罪行"公之于众。

在所有我认识的和我一样热爱植物的人中，丽贝卡·卡斯尔在对植物的热情和学识方面拥有无与伦比的优势。本书中许多花朵图案都参考了在她的美丽的南方高地花园所拍摄的照片，这些花朵见证了我们美好的友谊。

能有这些朋友的支持，我真的非常幸运。感谢爱丽丝·金伯利、马修·斯维博达、尼基·图、席尔瓦娜·阿兹·赫拉斯、安娜·韦斯科特、丹尼尔·冈萨雷斯、雷切尔·冯，在这个特殊的场合还要感谢我高中时的恋人艾玛·冈萨雷斯，谢谢你在大大小小的各个方面无条件支持我。

最后，感谢所有一直以来支持我插画事业的人。我对自然界以及色彩的好奇心能与诸位产生共鸣，我倍感荣幸。

绘者简介

　　阿德里亚娜是一名出生于澳大利亚的插画师，现居住在纽约。无论她走到哪里都满怀对花卉的挚爱，而这份爱便是她毕生工作的原动力。

　　作为一名插画师、艺术家和设计师，她的作品涉及出版、艺术、电影和广告等多个领域。

　　这本书是阿德里亚娜出版的第4本书，之前还出版了《鸡尾酒花园》（ *The Cocktail Garden* ）、《野花生长的地方》(*Where the Wildflowers Grow*)、《尘世乐园》(*The Garden of Earthly Delight*)。

参考资料

The Book of Orchids: A Life-Size Guide to Six Hundred Species by Maarten Christenhusz and Mark Chase

Daffodil: Biography of a Flower by Helen O'Neill

Encyclopaedia of Superstitions, Folklore, and the Occult Sciences of the World edited by Corra Linn Daniels and CM Stevans

Fifty Plants that Changed the Course of History by Bill Laws

Flowerpaedia: 1000 Flowers and Their Meanings by Cheralyn Darcey

A Gardener's Latin: The Language of Plants Explained by Richard Bird

Herbal Tea Remedies: Tisanes, Cordials and Tonics for Health and Healing by Jessica Houdret

A History of Ornamental-Foliaged Pelargoniums: With Practical Hints for Their Production, Propagation and Cultivation by Peter Grieve

Lily by Marcia Reiss

Mad Enchantment: Claude Monet and the Painting of the Water Lilies by Ross King

Peonies: Beautiful Varieties for Home and Garden by Jane Eastoe

Seven Flowers: And How They Shaped Our World by Jennifer Potter

Tales of the Rose Tree: Ravishing Rhododendrons and Their Travels Around the World by Jane Brown

The Untamed Garden: A Revealing Look at Our Love Affair with Plants by Sonia Day

The Wondrous World of Weeds: Understanding Nature's Little Workers by Pat Collins

对页图：

天竺葵

Pelargonium × hortorum

天竺葵可用于防治日本丽金龟，这种甲虫取食天竺葵的叶片后便会被麻痹。

芍药'露丝·克莱'
Paeonia 'Ruth Clay'